高等学校无损检测本科专业系列教材

GONGYE WUSUN JIANCE JISHU

工业无损检测技术

（涡流检测）

夏纪真　黄建明　编著

中山大学出版社
SUN YAT-SEN UNIVERSITY PRESS

·广州·

图书在版编目（CIP）数据

工业无损检测技术 . 涡流检测/夏纪真，黄建明编著 . —广州：中山大学出版社，2018.1

（高等学校无损检测本科专业系列教材）

ISBN 978 - 7 - 306 - 06261 - 1

Ⅰ. ①工… 　Ⅱ. ①夏… 　②黄… 　Ⅲ. ①无损检验 ②涡流检验 　Ⅳ. ①TG 115. 28

中国版本图书馆 CIP 数据核字（2017）第 312623 号

出 版 人：徐 劲
策划编辑：廖丽玲
责任编辑：廖丽玲
封面设计：曾 斌
责任校对：杨文泉
责任技编：何雅涛
出版发行：中山大学出版社
电　　话：编辑部 020 - 84110283，84113349，84111997，84110779
　　　　　发行部 020 - 84111998，84111981，84111160
地　　址：广州市新港西路 135 号
邮　　编：510275 　传　　真：020 - 84036565
网　　址：http://www.zsup.com.cn　E-mail：zdcbs@mail.sysu.edu.cn
印 刷 者：佛山市浩文彩色印刷有限公司
规　　格：787mm×1092mm 1/16 13.25 印张 360 千字
版次印次：2018 年 1 月第 1 版 2018 年 1 月第 1 次印刷
定　　价：45.00 元

作者简介

夏纪真（Xia Jizhen）

高级工程师，1987年获国家科学技术进步奖一等奖，1991年获航空航天工业部"有突出贡献的中青年科技专家"称号，1992年获国务院授予的"有突出贡献专家"称号并享受国务院政府特殊津贴。

2000年4月创建并主持无损检测技术专业综合资讯网站——无损检测图书馆（www.ndtinfo.net）。

长期在生产第一线从事无损检测技术工作，长期兼职从事无损检测人员技术资格等级培训与认证工作以及在高等院校从事无损检测本科及大专无损检测专业教学、科研与技术咨询服务等，从事无损检测技术工作40多年。具备原航空航天工业部无

损检测人员超声检测、磁粉检测和渗透检测的高级技术资格，原劳动部锅炉压力容器无损检测人员超声检测高级技术资格。曾任航空航天工业部无损检测人员资格鉴定考核委员会委员、中国机械工程学会无损检测专业委员会科普教育工作委员会副主任及学会会刊《无损检测》编委、广东省机械工程学会无损检测分会理事长等。在国际和全国性杂志与学术会议上发表论文20多篇、译文20多篇，出版专著13本，曾获航空工业部与国防工业重大科技成果或科技成果一、二等奖等。

现任北京理工大学珠海学院"应用物理（无损检测方向）"本科专业责任教授。

黄建明（Mr. WONG, Kin Ming）

长期从事在役无损检测技术工作近40年。现任职于香港安捷材料试验有限公司。

美国焊接学会会员，美国无损检测学会会员，中国机械工程学会会员暨无损检测分会理事。

英国焊接和无损检测人员考试发证章程（CSWIP）焊接检验督察，英国无损检测人员考试发证章程（PCN）Ⅱ级焊缝射线照相评片员，美国焊接学会（AWS）高级焊接检验督察，AWS焊接导师，具备美国无损检测学会（ASNT）NDT检验师 – UT、RT、MT、ET Ⅲ级（高级）技术资格，以及中国机械工程学会无损检测分会RT、UT 3级（高级）技术资格。

现任北京理工大学珠海学院"应用物理（无损检测方向）"本科专业客座教授。

前言

    本书是无损检测本科专业课程的教材之一，对于已学习过物理学、电磁学、电工学等相关基础课程的大学本科学生，本课程推荐教学课时为 32 课时，含 8 课时的课内实验。

    本书侧重于实际应用，结合了大量实际应用案例进行阐述，以增强本教材的实用性，对有关涡流检测的物理基础理论方面仅做了必要与简练的阐述。

    本书也可作为高等职业技术学院无损检测专业关于涡流检测技术的教学参考书，以及工业领域无损检测技术人员的工作参考书，对报考初、中、高级涡流检测技术资格等级的人员也有重要的参考价值。

夏纪真

2017 年 7 月于广州

目 录

第1章 涡流检测技术概述

1.1 电磁学及涡流检测技术发展简史

公元前 1100 年—公元前 771 年，中国古代的青铜铭文就记载有"电"和"雷"字。

公元前 1000 年前后，中国古书中已有使用指南针的记载。

公元前 600 年前后，古希腊的泰勒斯（Thales）记录了磁石吸铁现象，从而发现了磁现象，以及从摩擦琥珀吸引羽毛的现象中发现了静电。

1300 年前后，航海业界中开始出现航海罗盘。

1600 年，英国物理学家吉尔伯特（William Gilbert，1544—1603 年）发表《论磁》，较系统地研究了磁现象和静电现象，提出了质量、力等新概念，开创了电学和磁学的近代研究，并制成第一台验电器。

1650 年，德国物理学家奥托·冯·格里克（Otto von Guericke，1602—1686 年）在对静电研究的基础上发明了摩擦起电装置，利用摇柄使一个硫黄球（后来牛顿改用玻璃球）快速旋转，用人手（或皮革）与之摩擦起电。

1729 年，英国剑桥 Trinity 学院的斯蒂芬·格雷（Stephen Gray，1666—1736 年）研究了电的传导现象，发现了导体与绝缘体的区别，并且发现了静电感应现象。

1734 年，法国化学家查尔斯·杜菲（Charles Francois de Cisternay du Fay，1698—1739 年）在实验中发现摩擦松香所产生的电（称为松脂电）和摩擦玻璃所产生的电（称为玻璃电）的不同，即负电和正电，总结出静电相互作用的基本特征为同种电荷相互排斥、异种电荷相互吸引。

1745 年，荷兰莱顿大学物理学教授马森布罗克（PieterVon Musschenbrock，1692—1761 年）和德国卡明大教堂副主教冯·克莱斯特（Ewald Georg Von Kleist，1700—1748 年）于 1746 年分别独立研制出能储存电荷的莱顿瓶（最早的电容器）。

1747 年前后，美国的本杰明·富兰克林（Benjamin Franklin，1706—1790 年）最先用正电、负电概念表示电荷性质，并提出了电荷不能创生，也不能消灭的思想，后人在此基础上发现了电荷守恒定律。

1750 年，英国物理学家米切尔（John Micheil，1724—1793 年）提出磁力的平方反

比定律。

1751 年，美国的本杰明·富兰克林发现缝纫针通过电流后被磁化的现象。

1752 年，美国的本杰明·富兰克林完成著名的"费城实验"，将雷电引入莱顿瓶，并且进一步发明了避雷针。

1754 年，英国物理学家约翰·康顿（John Canton，1718—1772 年）用电流体假说解释静电感应现象。

1767 年，美国物理学家约瑟夫·普列斯特勒（Joseph Priestley，1733—1804 年）根据富兰克林导体内不存在静电荷的实验，推得静电力的平方反比定律。

1775 年，意大利帕维亚大学的物理学教授阿·伏打（Alessandro Vlota，1745—1827 年）发明了一种依据静电感应原理的起电盘。

1773—1777 年，法国物理学家查尔斯·库仑（C. A. CouIomb，1736—1806 年）发明了库仑扭秤（用于研究电力与磁力之间关系的实验）。

1778 年，意大利帕维亚大学的物理学教授阿·伏打建立导体的电容 C、电荷 Q 及其张力 T（即电位差）之间的关系式：$Q = CT$。

1780 年，意大利博洛尼亚大学的解剖学教授贾法尼（Luigi Galvani，1737—1798 年）发现动物可以带电，开拓了电生理学的建立与研究。

1785 年，法国物理学家查尔斯·库仑用他自己发明的扭秤测量电荷间的作用力，从实验中得到静电力的平方反比定律，提出库仑定律（Coulomb's law）：在真空中两个静止点电荷之间的相互作用力与距离平方成反比，与电量乘积成正比，作用力的方向在它们的连线上，同名电荷相斥，异名电荷相吸。1787 年又发现两磁铁之间的磁力与距离平方成反比的规律。

1787 年，意大利帕维亚大学的物理学教授阿·伏打发明了灵敏的麦秸静电计。1800 年，又发明了伏打电堆（即伏打电池）。

1819 年，德国物理学家乔治·西蒙·欧姆（George Simon Ohm，1787—1854 年）做了金属的相对电传导率试验。

1820 年，丹麦哥本哈根大学物理学教授汉斯·克里斯蒂安·奥斯特（Hans Christian Oersted，1777—1851 年）发现磁针在通电导线的作用下动了，发现电流具有磁效应，7 月 21 日发表《电流对磁针作用的实验》，阐述了电与磁的联系。

1820 年，法国物理学家安德烈·玛丽·安培（Andre - Marie Ampere，1775—1836 年）通过实验发现电流之间存在相互作用力，提出环路定理。

1820 年，法国物理学家让·巴蒂斯特·毕奥（J. B. Biot，1774—1862 年）和菲利克斯·萨伐尔（F. Savart，1791—1841 年）通过实验归纳出电流元的磁场定律。

1820 年，法国物理学家阿拉戈（Arago，Dominique Fransois Jean，1786—1853 年）发现通电的铜螺线管能像磁铁一样吸引铁屑。

1820 年，法国物理学家让·巴蒂斯特·毕奥和法国物理学家菲利克斯·萨伐尔通过实验测量了长直电流线附近小磁针的受力规律，共同提出毕奥 - 萨伐尔定律。

1821 年，德国物理学家托马斯·约翰·塞贝克（T. J. Seebeck，1770—1831 年）发现温差电动势（温差电效应，塞贝克效应），发明温差电偶和温差电池。

1822 年，法国物理学家安德烈·玛丽·安培进一步研究电流之间的相互作用，提出著名的安培定律（右手螺旋定则）以及安培分子电流假说。

1824 年，法国物理学家阿拉戈通过实验发现金属中有涡电流存在（转动的铜盘能影响磁针转动），几年后，法国物理学家 J. B. L. 傅科（Jean Bernand Leon Foucauit，1819—1868 年）确认了在强的不均匀磁场内运动的铜盘中有电流存在，即涡电流的存在。

1826 年，德国物理学家乔治·西蒙·欧姆发现电阻中电流与电压的正比关系，即著名的欧姆定律。

1827 年，法国物理学家安德烈·玛丽·安培发表著名的《从实验导出的关于电动力学现象的数学理论》。

1831 年，英国物理学家迈克尔·法拉第（Michael Faradey，1791—1867 年）发现电磁感应现象（磁生电和感应电流）并总结出电磁感应定律（在任何一个闭合导电的回路里，当通过这一回路所包围面积的磁通量发生变化时，该回路就产生电流），使其成为阐述涡流试验基本原理所依据的重要客观规律，并用铁粉实验证明了磁力线的存在。

1832 年，美国物理学家约瑟夫·亨利（Joseph Henry，1797—1878 年）发现自感现象。

1834 年，俄国物理学家海因里希·楞次（Heinrich Friedrich Lenz，1804—1865 年）发现楞次定律，定义了电动势，指出电磁场会产生作用力来阻止任何试图改变其强度和构造的作用力。

1840 年，英国物理学家詹姆斯·普雷斯科特·焦耳（J. P. Joule，1818—1889 年）从电流的热效应发现载流导体中产生的热量与电流的平方、导体的电阻及通电时间成正比，即焦耳 – 楞次定律（俄国物理学家海因里希·楞次也独立地发现了这一定律）。

1842 年，美国物理学家约瑟夫·亨利发现电振荡放电。

1843 年，英国物理学家迈克尔·法拉第从实验中证明电荷守恒定律。

1845 年，德国物理学家基尔霍夫（Gustav Robert Kirchhoff，1824—1887 年）提出了稳恒电路网络中电流、电压、电阻关系的两条电路定律，即著名的基尔霍夫电流定律（KCL）和基尔霍夫电压定律（KVL）。

1855 年，英国物理学家詹姆斯·克拉克·麦克斯韦（James Clerk Maxwell，1831—1879 年）发表《论法拉第力线》，将磁现象归结为力和场。

1862 年，英国物理学家詹姆斯·克拉克·麦克斯韦发表《论物理力线》，提出了位移电流和涡旋电场两大假设，并提出光波就是电磁波的理论，将电、磁、光理论进行了综合。随后，他又于 1863 年发表《论电学量的基本关系》，1864 年发表《电磁场的动力学理论》，1865 年预言了电磁波的存在。1873 年出版《论电和磁》（也译作《电磁学通论》），完成法拉第概念的完整数学表达式，即严整描述宏观电磁现象的麦克斯韦方程组，建立了系统严密的电磁场理论。

1879 年，美国的休斯（D. E. Hounsou）首先将涡流用于实际金属材料分选（用涡流法对金属硬币进行对比检测），比较不同温度下金属材料的差别，提出了国际退火铜标准（IACS）的电导率概念。

1879 年，美国物理学家霍尔（A. H. Hall，1855—1938 年）发现电流通过金属，在磁场作用下产生横向电动势的霍尔效应。

1886 年，德国物理学家海因里希·鲁道夫·赫兹（Heinrich Rudolf Hertz，1857—1894 年）制成电磁波检验器，并宣布"电磁感应是以波动形式在空气中传播的"。1888 年，他证明了电磁波的存在，确认电磁波和光一样具有直线传播、反射和折射以及偏振现象。

1897 年，英国物理学家约瑟夫·约翰·汤姆逊（Joseph John Thomson，1856—1940 年）证明了电子的存在，测定了电子的荷质比。

1890—1920 年，世界上开始了减少薄钢板中的涡流和磁滞损耗的研究。

1919 年，德国物理学家巴克豪森（H. G. Barkhausen，1881—1956 年）发现磁畴。

1926 年，世界上第一台涡流测厚仪问世。

1930 年，世界上第一台涡流探伤仪问世，实现用涡流法检验钢管焊接质量。

1942 年，德国借助涡流探伤仪对铝、镁合金管材和棒材进行 100% 的自动化检验。

20 世纪 40 年代，涡流远场效应被发现，美国的 W. R. Maclean 于 1951 年获得此项技术的美国专利。20 世纪 50 年代，美国壳牌公司的 T. R. Schmidt 独立地再发现了远场涡流无损检测技术，在世界上首次成功研制检测油井井下套管的探头并用它来检测油井井下套管的腐蚀情况，1961 年正式将其命名为"远场涡流检测（RFEC，Remote Field Eddy Current）"。1961 年 5 月 9 日，壳牌公司的远场涡流检测设备第一次试用于检测管线。20 世纪 80 年代，远场涡流检测技术和设备进入商业化阶段。

20 世纪 50 年代初期（1950—1954 年），德国的福斯特博士（Forster）开创现代涡流检测理论和设备研究新阶段，包括消除涡流检测中某些干扰因素的理论和实验结果、阻抗分析理论和有效磁导率模型等，涡流检测技术（Eddy – Current Testing，简称 ET）从此开始正式进入实用阶段。

20 世纪 70 年代，美国的利比（Libby）提出了脉冲涡流检测技术的理论和应用。

1970 年，美国的利比提出了多频涡流检测技术。

1979 年，美国科罗拉多州立大学的 William Lord 和 Palam Samy 提出了比较完善的二维涡流检测有限元模型，促进了应用数值方法对涡流检测信号进行分析。

1980 年，英国 TSC 公司从交流电位差（Alternating Current Potential Difference，英文缩写 ACPD）技术中发展出交流电磁场检测（Alternating Current Field Measurement，英文缩写 ACFM）技术。

1983 年，美国阿克伦大学的 Nathan. Ida 提出了涡流检测的三维有限元模型，为采用计算机进行涡流信号的分析、缺陷的模拟、缺陷的自动评判以及涡流探头设计等奠定了基础。

20 世纪 80 年代中期，国外已开始有深层涡流技术研究成果的报道，如美国 Babcock 公司的 John 成功研制深层涡流系统。

20 世纪 80 年代中期，国外出现应用阵列涡流（Arrays Eddy Current，AED）传感器的阵列涡流（Eddy Current Arrays）检测技术研究，该技术在 20 世纪 80 年代末到 20 世纪 90 年代初开始得到推广应用。

20 世纪 80 年代末期，以电涡流效应和法拉第磁光效应为理论基础的磁光/涡流成像技术出现，美国 PRI 仪器公司于 1990 年开发出磁光涡流成像仪器（magneto - optical eddy current imager，MOI）。

我国从 20 世纪 60 年代开始开展涡流检测的研究工作。

1960 年，国内多个单位开始了涡流检测技术的研究。

1962—1964 年，南京金城机械厂的岳允斌研制出涡流电导仪，该仪器用于有色金属和钢铁材料的混料分选。

1963 年，上海材料研究所的王务同研制出我国首台涡流检测装置。

1966 年，北京航空材料研究所（现北京航空材料研究院）的陈小泉研制出 6442 型便携式涡流探伤仪。

1966 年，上海材料研究所的姚方中在我国第一次"全国仪器仪表新产品展览会"（1966 年 2—3 月，北京）的"无损检测技术交流座谈会"上介绍了小直径薄壁不锈钢管的涡流探伤生产线。

1978 年，上海材料研究所研制的 YY - 11 型金属管材涡流探伤设备获全国科学大会重大科技成果奖。

20 世纪 70—80 年代，国产商品化涡流探伤仪、电导率测试仪陆续研制成功并投放市场，例如空军第一研究所张德万研制的 WT - 4 型袖珍涡流检测仪已批量用于空军和民航的飞机外场检测，厦门第二电子仪器厂（现厦门星鲨仪器公司）研制生产的指针指示式 7501 型、7502 型涡流电导仪和 7505 型涡流探伤仪批量投放市场（目前仍在生产供应市场）。

1987 年，国内开始了深层涡流技术的研究工作。

1988 年，北京航空材料研究所陈小泉研制的 8507 型金属电分选仪获航空工业部科技成果三等奖。

20 世纪 90 年代，民航系统首先在飞机现场检测中开展了深层涡流技术的实际应用。

1993 年，爱德森（厦门）电子有限公司研制出亚洲首台全数字式涡流检测仪。

1997 年，上海材料研究所轿车用刹车油管镦头表面裂纹涡流检测系统获机械工业部国家科学技术进步二等奖。

进入 21 世纪后，全数字式涡流检测仪已经普及并且种类型号繁多，最新的涡流检测技术如阵列涡流检测技术、脉冲涡流检测技术、远场涡流检测技术、三维电磁场成像技术等的商品化国产仪器也陆续面世。

1.2　涡流检测技术概述

涡流检测技术是无损检测技术中的一种，基于电磁感应现象。当导体处于变化着的磁场内，或者导体相对于磁场运动时，在导体内会有感生电流产生，其特点是自成闭合回路，集中在导体表面附近的薄层中呈旋涡状流动（基于趋肤效应），由此被命名为涡

电流，简称涡流。

涡流在导体内流动时，由于导体存在电阻，根据焦耳－楞次定律，会有热效应产生，这一现象在工业上可用于高频、中频、工频感应加热炉，在家庭烹调设备上可用于电磁炉。利用这种热效应也发展出了涡流热成像检测技术。此外，涡流还具有电磁阻尼作用，可用于制造如电气火车的电磁阻尼器、稳定电磁测量仪器指针的阻尼器等。但是，在电动机、变压器等的铁芯中，涡流的热效应会导致电能损耗（涡流损耗），这是需要尽量避免的。

涡流检测的基本原理如图 1－1 所示。由涡流检测仪器产生一定频率的交流电通入涡流探头中的激励线圈，线圈周围将存在交变磁场（这种磁场称为"原磁场"），把这种载有交流电的激励线圈靠近待检测的导电试件，使试件处于原磁场中，由于磁场的时间或空间的变化（例如交流电流本身随频率的交变变化、探头在被检试件表面的移动，或者两者同时变化），在被检试件内将产生感应电流，即涡流（亦称涡电流）。

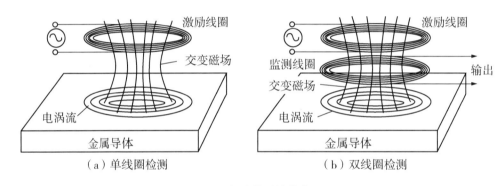

图 1－1　涡流检测的基本原理

被检试件自身各种因素（如电导率、磁导率、形状、尺寸和缺陷等）的变化会导致涡流的强度大小、相位及流动形式发生变化，而涡流本身产生的磁场对激励线圈有反作用（磁场的方向与原线圈磁场的方向相反），从而减弱了原磁场，使激励线圈的阻抗发生变化，通过涡流检测仪器测定激励线圈的阻抗变化情况，或者测量涡流本身产生的磁场在涡流探头中单独应用的检测线圈上得到的感应电势，就可以判别被检试件的导电性能差别、性质、状态以及是否有缺陷存在（有缺陷存在的位置其导电性能将与基体的导电性能不同），从而达到检测目的。

涡流检测技术的应用范围很广，主要包括探伤、电导率测量、磁导率测量和厚度测量。

①探伤：检测导电试件表面或近表面缺陷，如裂纹、夹杂物、材质不均匀等。

②电导率测量：通过测量导电材料的电导率（绝对值或相对值），可对该材料的显微组织结构、化学成分、硬度、应力、温度、热处理状态等做出相应的判断，可用于材质分选（例如混料分选、热处理质量均匀性评价等）。

③磁导率测量：通过测量铁磁性导电材料的磁导率（绝对值或相对值），可对该材料的热处理状态、化学成分、应力、温度等做出相应的判断，可用于材质分选（例如混

料分选、热处理质量均匀性评价等）。

④厚度测量：可以测量导电基体金属材料上的覆盖膜层厚度以及金属材料上的腐蚀层检测、测量金属薄板厚度等。

涡流检测技术通常有两种应用方法：

1. 单线圈检测法

如图 1-1（a），这是通过激励线圈自身阻抗的变化来反映被检试件上涡流产生磁场的变化情况。

线圈的等效阻抗 Z 一般可表示为：

$$Z = F(\sigma, \mu, f, x, r)$$

式中，σ 是被检试件的电导率；μ 是被检试件的磁导率；f 是激励线圈的激励信号频率；x 是线圈与试件间的距离；r 是线圈的尺寸因子，与线圈的结构、形状以及尺寸相关。

实际检测时，利用涡流检测仪器中的电子电路对不需要的影响因素加以控制，就可以实现对上式中某个相关量的检测。当被检试件存在表面或近表面缺陷时，缺陷所在处将引起被检试件的电导率和磁导率变化，引起涡流的强度与相位的变化，进而使线圈的阻抗参数发生改变。此外，线圈到被检试件之间的距离与线圈的阻抗直接相关，也可以被利用来测量非导电涂层厚度。

2. 双线圈检测法

如图 1-1（b），使用激励线圈以外的一个单独线圈作为检测线圈，检测激励线圈产生的磁场和涡流感生磁场的叠加效果。根据法拉第电磁感应定律，检测线圈中将会产生一个感应电动势：

$$V_e = -n(\mathrm{d}\varphi/\mathrm{d}t)$$

式中，φ 是通过检测线圈的交变磁场的磁通量；n 是线圈的绕线匝数；t 为时间。通过测量检测线圈中产生的感应电势（电压）就能容易地得到磁场的变化情况。

涡流检测技术的优点是：

①适合检测所有导电材料（除了金属外，还可用于检测石墨等能感生涡流的非金属材料）。

②对试件表面或近表面的缺陷有很高的检出灵敏度，并且在一定的范围内具有良好的线性指示，可对大小不同的缺陷进行评价，可用于质量管理与控制。

③涡流检测时，不需要将激励线圈和检测线圈（俗称涡流探头）与被检试件紧密接触，也不需要使用如超声检测那样的耦合剂，对管材、棒材、丝材，矩形、三角形、带形的异形薄壁管、内孔等截面形状规则的试件容易实现高速自动化在线检测（目前最高检测速度已能达到 300 m/min），从而获得很高的检测效率。

④涡流及其反作用磁场对被检试件物理、工艺性能的多种参数变化都能有反映，可以用于多用途检测，例如探伤（如裂纹、夹杂物、材质不均匀等缺陷检测）、测厚（能测量导电基体金属上的非导电涂层厚度、金属材料上的覆盖层或腐蚀层厚度、金属薄板厚度）、材质分选、硬度鉴别等。

⑤涡流检测可应用于高温（甚至温度达到居里点以上）状态下的试件检测。

⑥应用特殊形状的探头，可以检测试件的狭窄区域或深孔孔壁、管道内壁等。

⑦涡流检测仪器从涡流探头中获得的信号是电信号，方便对检测结果进行数字化处理、存储、再现以及数据处理和比较。

⑧影响涡流的因素很多，如裂纹、材质、尺寸及形状、电导率和磁导率等。采用特定的电子电路进行处理，可筛选出某一因素而抑制其他因素，由此可以对上述某一单独影响因素进行有效的检测。

涡流检测技术的局限性是：

①只适用于导电试件（如金属、石墨、碳纤维复合材料等）。

②涡流及其反作用磁场对被检试件的多种参数变化都能有敏感反映，因此对检测结果存在诸多干扰信息，检测时需要抑制多种干扰因素的影响以确保检测结果的正确性和可靠性，需要有特殊的信号处理手段。涡流检测中的干扰因素主要有试件的材质（主要影响电导率或电阻率、磁导率）、缺陷种类与位置、试件的形状尺寸及表面状态，以及检测线圈与试件之间的距离等，需要结合检验标准进行综合考虑来确定检测方案与技术参数（特别是检测线圈的电性能参数及形状、尺寸、设计等），例如对不同材质、形状的试件往往需要特制探头，普通探头难以通用。

③由于应用的激励电流必须是交流电，在被检试件上存在趋肤效应（集肤效应），感生涡流在试件上的透入深度与所用交流电频率的平方根成反比，因此涡流检测只能对试件表面和近表面的缺陷检测具有良好的灵敏度，不适用于检测金属材料深层的内部缺陷。激励电流的频率高时，试件表面的涡流密度大，检测灵敏度高，但是透入深度小；如果降低激励电流的频率，虽然涡流透入深度增加了，但是表面涡流密度下降，检测灵敏度也会降低，因此，涡流检测的有效探伤深度与检测灵敏度之间是存在矛盾的。对某种材料进行涡流探伤时，需要根据材质、表面状态、检验标准进行综合考虑，然后再确定适合的检测方案与技术参数。

④涡流检测应用探头的基本方式有外通过式（亦称穿过式，被检试件从探头中间通过）、内通过式（亦称内穿式，探头进入被检试件的内孔）和放置式（亦称探头式，探头置于被检试件表面），这 3 种方式各有不同的检测效果。采用外通过式或内通过式探头进行涡流检测时，获得的信息是管、棒或线材一段长度的圆周上影响因素的累积结果，无法判定缺陷在圆周上所处的具体位置。采用放置式探头进行涡流检测时，虽然可以较准确地判定缺陷位置，检测灵敏度和分辨力也很高，但是检测区域很小，全面扫查检验的速度较慢，特别是对复杂形状的试件进行全面检测时，其检测效率较低。

⑤对于铁磁性材料，往往需要采用强的直流磁化至饱和来抑制干扰。

⑥涡流探伤至今尚处于当量比较的检测阶段，在探测缺陷时尚难以判断缺陷的种类和形状，因此定量、定性判断比较困难。

第2章 涡流检测的物理基础

2.1 金属的电导率与磁导率

2.1.1 电阻率和电导率

在电子理论中，带负电荷的电子按固定轨道围绕原子核（正电荷）运行，电子容易被外界电场吸引而飞离原轨道成为自由电子的材料就称为导体。金属之所以能够导电，就是因为在外加电场的作用下，金属中能产生大量的自由电子，自由电子会由低电位移向高电位，形成电子流，亦即电流。

金属是由原子按照一定规则格子整齐排列结晶而成的，即晶格，在电场作用下自由电子获得加速做定向运动时，会不断与原子碰撞以及电子之间相互碰撞，导致运动速度减慢、能量被消耗，因此，导电材料对于电流的通过存在一定的阻力，这种阻力就称为电阻，表征导体对电流通过的阻碍作用。

金属中的电流与外加电场的电位差（电压）的关系符合欧姆定律：

$$I = (U_1 - U_2)/R$$

式中，I 为电流，单位为安培（A）；U_1 为高端电位，单位为伏特（V）；U_2 为低端电位，单位为伏特（V）；R 为电流经过路径的电阻，单位为欧姆（Ω）。

电阻的大小与导电体的材料种类、几何形状、长度、截面积以及温度有关。对于一定的导电体，其电阻与通过电流的导体长度 L（单位为 m）成正比，与通过电流的导体横截面积 S（单位为 m^2）成反比，物理学中用电阻率 ρ 表示这种关系，这是仅与导电材料有关的物理量：

$$R = \rho(L/S) \text{ 或者 } \rho = RS/L$$

式中，ρ 为电阻率，单位是欧·毫米^2/米（$\Omega \cdot mm^2/m$）；R 为导体电阻，单位是欧姆（Ω）；S 为导体横截面积，单位是平方毫米（mm^2）；L 为导体长度，单位是米（m）。

对于一定横截面积的导体，其电阻率也可以用欧·米（$\Omega \cdot m$）为单位。

为了表示一个导体从某一点到另外一点传输电流能力的强弱，可用电导（electrical conductance，符号 G）表示，这是电阻的倒数，即：

$$G = 1/R$$

式中，R 为电阻，单位为欧姆（Ω）；G 为电导，单位为姆欧（亦即欧姆的倒数）。

在国际单位制中，电导的单位是西门子（Siemens，缩写为"S"，简称"西"，1 西 = 1 安培/伏特 =1/欧姆）。

为了便于评价材料的导电性能，用电导率（conductivity）表征电子在导体中运动的容易程度，用符号 σ 表示，即：

$$\sigma = 1/\rho = L/RS$$

式中，σ 为电导率，单位是米/（欧姆·毫米^2）[m/（Ω·mm^2）]；ρ 为电阻率，单位是欧·毫米^2/米（Ω·mm^2/m）；L 为导体长度，单位是米（m）；R 为导体电阻，单位是欧姆（Ω）；S 为导体横截面积，单位是平方毫米（mm^2）。

电阻率和电导率成倒数关系，电导率越大，说明材料的电阻越小，导电性能越好。

在国际单位制中，电导率的单位是西门子/米（S/m，简称西/米），常用的单位是兆西/米（MS/m，1 MS/m = 10^6 S/m），还有毫西/米（mS/m，1 S/m = 1000 mS/m）、西/厘米（S/cm）、微西/厘米（μS/cm）。

在一般工程应用中，常用的电导率单位是米/（欧姆·毫米^2）[m/（Ω·mm^2）]、1/（欧·米）[1/（Ω·m）] 或 1/（微欧·厘米）[1/（$\mu\Omega$·cm）]。他们的换算关系如下：

$$1\ m/\ (\Omega \cdot mm^2) = 1\ m/\ (\Omega \cdot 10^{-6}m^2) = 10^6/\ (\Omega \cdot m) = 10^6\ S/m$$

$$1\ m/\ (\Omega \cdot cm^2) = 1\ m/\ (\Omega \cdot 10^{-4}m^2) = 10^4/\ (\Omega \cdot m) = 10^4\ S/m$$

$$1\ S/m = 1/\ (\Omega \cdot m)$$

$$1\ mS/cm = 0.1\ s/m = 0.001/(\Omega \cdot cm)$$

例题 2-1： 某铝镁铜合金 20 ℃ 时的电导率为 30 m/（Ω·mm^2），求其电阻率。

解：电阻率与电导率互为倒数，因此，

电阻率 =1/电导率 = 0.033 Ω·mm^2/m。

例题 2-2： 某镍铬合金在 20 ℃ 时的电阻率为 110×10^{-8} Ω·m，求其电导率。

解：电阻率与电导率互为倒数，110×10^{-8} Ω·m = 110×10^{-2} Ω·mm^2/m，因此，

电导率 =1/电阻率 = 0.91 m/（Ω·mm^2）。

在涡流检测技术中，电导率不用绝对值而是用相对值，最常应用的是国际退火铜标准单位（International Annealed Copper Standard，英文缩写 IACS），是表示金属电导率的非国际单位制单位。

国际电工委员会（International Electrotechnical Commission，英文缩写 IEC）为了方便区分材料，于 1913 年规定在 20 ℃ 温度条件下，1 m 长、1 mm^2 截面积的退火状态的工业高纯铜标定得到电阻率为 1.7241×10^{-8} Ω·m 时的电导率为 100% IACS，其他金属或合金的电阻率 ρ_X、电导率 σ_X 与该退火状态工业高纯铜在 20 ℃ 条件下的电导率相比的比值作为该金属或合金的电导率值，以百分比表示，即 % IACS 或 PIACS（P 为百分比

的英文单词 Percentage）。

例如某金属的电阻率为 ρ_a（注意单位是"$\times 10^{-8}\ \Omega\cdot m$"），则以 IACS 单位表示的电导率 σ 为：

$$\sigma = (1.7241\times 10^{-8}\ \Omega\cdot m/\rho_a)\times 100\%\ \text{IACS}$$

或者：

$$\sigma_{被测}/\sigma_{标测}\times 100\% = \rho_{标测}/\rho_{被测}\times 100\%$$

式中，σ 为电导率，单位是 m/$(\Omega\cdot mm^2)$；ρ 为电阻率，单位是 $\Omega\cdot mm^2/m$。

国际退火铜标准单位的电导率% IACS 和国际单位制换算如下：

$$1\%\ \text{IACS} = 0.58\ mS/m$$

$$1\ mS/m = 1.7241\%\ \text{IACS}$$

例题 2-3： 铝在 20 ℃时的电阻率为 $2.69\times 10^{-2}\ \Omega\cdot mm^2/m$，可换算为国际退火铜标准表示的电导率是多少？

解：$2.69\times 10^{-2}\ \Omega\cdot mm^2/m = 2.69\times 10^{-8}\ \Omega\cdot m$

$\sigma = (1.7241/2.69)\times 100\%\ \text{IACS} = 64\%\ \text{IACS}$

例题 2-4： 某金属试件采用涡流检测方法进行探伤，该材料的电阻率为 $2.5\times 10^{-8}\ \Omega\cdot m$，请计算其国际退火铜标准值为多少。

解：电阻率 = $2.5\times 10^{-8}\ \Omega\cdot m$，根据 $\rho_{标测}/\rho_{被测}\times 100\%$，计算得：

$(1.7241\times 10^{-8}/2.5\times 10^{-8})\times 100\% = 69\%\ \text{IACS}$

在涡流检测技术应用中，金属材料的电导率是一个非常重要的物理量，涡流检测技术中应用的许多方法都是以电导率（或电阻率）作为检测变量，根据测量到的试件电导率变化来推断材料的有关物理参数或工艺性能（例如硬度、显微组织均匀性等）。在金属试件中，能引起电导率（或电阻率）变化的因素很多，它与材料的许多内在特性（如温度、合金成分、杂质含量、应力、冷热加工形成的范性形变、热处理工艺等）有着紧密联系。

1. **温度**

金属材料温度升高时，金属内的晶格原子热振动加剧，自由电子的碰撞机会增加，导致电阻率增大。同一材料在不同的环境温度下，其电导率会有差异，例如温度升高时电导率下降。

在温度变化不大的范围内，金属的电阻率变化可认为与温度差成正比：

$$\rho_2 = \rho_1[1+\gamma(t_2-t_1)]$$

式中，ρ_1 为温度变化前的电阻率，单位是欧·毫米^2/米 $(\Omega\cdot mm^2/m)$ 或欧·米 $(\Omega\cdot m)$；ρ_2 为温度变化后的电阻率，单位是欧·毫米^2/米 $(\Omega\cdot mm^2/m)$ 或欧·米 $(\Omega\cdot m)$；t_1 为变化前的温度，单位是摄氏度（℃）；t_2 为变化后的温度，单位是摄氏度（℃）；γ 为与材料种类相关的电阻温度系数，单位是 1/℃。

注意在不同温度范围内，电阻温度系数是不同的，对于常用的金属与合金，其范围通常为 0.001～0.01。

表 2-1 列出了一些典型金属及合金的电阻率、电导率和电阻温度系数。

表 2-1 一些典型金属及合金的电阻率、电导率和电阻温度系数

材料	20 ℃时的电阻率 ρ (×10^{-8} Ω·m)	0～100 ℃内温度系数 γ (×10^{-3}/℃)	20 ℃时的电导率		
			×10^7 S/m	m/(Ω·mm^2)	% IACS
银	1.58（1.65）	4.1	6.33	63.3（60.6）	109
铜（紫铜，退火）	1.724	4.3	5.80	58	100
海军黄铜（Admiralty Brass）	6.9		1.45	14.5	25
磷铜	16		0.63	6.3	11
镍铜合金 90-10	18.95		0.53	5.3	9.1
镍铜合金 70-30（70Cu-30Ni）	37.4		0.27	2.7	4.6
纯铝（99.9%）	2.65（2.83）	4.2	3.77	37.7（35.3）	65（61）
锻铝 6061-T6	4.1		2.44	24.4	42
铝合金 7075-T6	5.3		1.89	18.9	32.6
铝合金 2024-T4	5.2		1.92	19.2	33.1
铝青铜	12		0.83	8.3	14.3
钨	5.65（5.48）	4.6	1.77	17.7（18.2）	31
铀	30		0.33	3.3	5.7
锌	5.95	4.19	1.68	16.8	29
铁	9.78	6.5	1.03	10.2	17.6
304 不锈钢	72		0.14	1.4	2.4
316 不锈钢	74		0.135	1.35	2.3
铅	20.77	3.7	0.48	4.8	8.3
钠	4.2		2.38	23.8	41
锡	11.3	4.7	0.88	8.8	15.2
金	2.35	3.24	4.26	42.6	73.4
锆	40		0.25	2.5	4.3
锆合金	72		0.14	1.4	2.4
钛（99%）	89		0.11	1.1	1.9
钛合金 Ti-6Al-4V	172		0.058	0.58	1.0
镁（99%）	4.45	16.5	2.25	22.5	38.8

续表 2-1

材料	20 ℃时的电阻率 ρ (×10⁻⁸ Ω·m)	0～100 ℃内温度系数 γ (×10⁻³/℃)	20 ℃时的电导率		
			×10⁷ S/m	m/(Ω·mm²)	% IACS
镍	6.8	6.9	1.47	14.7	25.3
低碳钢（0.23C）	16.9	(1.5～5)	0.59	5.9	10.2
蒙乃尔镍合金（Monel）	48.2		0.21	2.1	3.6
镍铬合金（0.60Ni，0.15Cr，0.25Fe）	110	16	0.09	0.9	1.6
铬镍铁合金 600（Inconel 600）	98		0.10	1.0	1.7
耐盐酸镍合金（HaSfeIIoy）	115		0.087	0.87	1.5
高温镍基合金（WaSpaIoy）	123		0.081	0.81	1.4
镍基合金（Hastelloy-c）	130		0.077	0.77	1.3

注：本表中的数据来自多份资料，可能与不同实验条件以及试验材料成分差异有关，数据有不同，因此本表数据仅供参考。

如果直接以电阻来考虑，则有：

$$R_2 = R_1[1 + \gamma(t_2 - t_1)]$$

式中，R_2 为温度变化后的电阻，单位是欧姆（Ω）；R_1 为温度变化前的电阻，单位是欧姆（Ω）；t_2 为变化后的温度，单位是摄氏度（℃）；t_1 为变化前的温度，单位是摄氏度（℃）；γ 为电阻温度系数，单位是 1/℃。

例题 2-5： 已知某镍铬合金在 20 ℃时的电阻为 10 Ω，0～100 ℃内的电阻温度系数为 4×10^{-5}/℃，如果环境温度升到 40 ℃，则该导体的电阻变为多少？

解：根据 $R_2 = R_1[1 + \gamma(t_2 - t_1)]$，$R_1 = 10$ Ω，$\gamma = 4 \times 10^{-5}$/℃，$t_2 = 40$ ℃，$t_1 = 20$ ℃，则：

$$R_2 = 10[1 + 4 \times 10^{-5}(40 - 20)] = 10.008 \text{ Ω}$$

如果已知在某温度时的电阻温度系数，在电阻率与温度呈线性关系的范围内，也可以估算出温度变化到某一值时的电阻温度系数，依据公式为：

$$\gamma_2 = \gamma_1/[1 + \gamma_1(t_2 - t_1)]$$

式中，γ_1 为温度变化前的电阻温度系数，单位是 1/℃；γ_2 为温度变化后的电阻温度系数，单位是 1/℃；t_2 为变化后的温度，单位是摄氏度（℃）；t_1 为变化前的温度，单位是摄氏度（℃）。

例题 2 - 6： 某镍合金在 20 ℃ 时的电阻温度系数 6.81×10^{-3}/℃，若电阻率与温度呈线性关系，求温度 100 ℃ 时的电阻温度系数。

解：根据 $\gamma_2 = \gamma_1/[1 + \gamma_1(t_2 - t_1)]$，$\gamma_1 = 6.81 \times 10^{-3}$/℃，$t_2 = 100$ ℃，$t_1 = 20$ ℃，则：

$$\gamma_2 = 6.81 \times 10^{-3}/[1 + 6.81 \times 10^{-3}(100 - 20)] = 4.41 \times 10^{-3}/℃$$

2. 合金成分

对于固溶合金材料（杂质在金属基体内均匀分布），如果合金原子的排列是无规则的，即无序固溶体，其电阻率一般随合金成分的增加而增加，但若合金原子是以一定比例排列成非常规则的晶格，即有序固溶体，则其电阻率会随合金成分的变化而有极小值。

不同合金成分的材料具有不同的电导率，这既是涡流检测技术中材质分选方法的基础，又是涡流检测中必须考虑的影响检测线圈阻抗的重要因素之一。

3. 杂质含量

金属中的杂质会导致金属晶格畸变，影响材料中原子的排列，造成电子散射，使电阻率增加。

4. 应力

金属中存在的内应力会导致金属晶格变形，增加电子碰撞的机会，从而增大电阻率。例如在弹性范围内，单向拉伸或者扭转的应力会提高金属的电阻率，而在单向压应力作用下，对于大多数金属来说会使电阻率降低，或者金属经冷加工、热处理后存在内应力，也会使电导率下降。

5. 冷热加工实现的范性形变

范性形变的结果是使得原子排列结构变形，电子碰撞机会增加。变形程度越大，电阻率增加越大。但是对于冷作加工的金属，在经过退火之类的长时间高温加热，消除了晶格变形后，电阻率又可降低到接近原来的低值。

6. 热处理工艺

相同材料在不同热处理状态下，其电导率会有差异。单晶金属或经过充分退火的高纯度金属往往电导率高，而合金的电导率则较低。铝、银、铜、铁等金属在冷加工后进行退火处理会使电阻率降低，材料的电阻通常随退火温度的升高而下降，但是当退火温度高于再结晶温度时，电阻反而会增大。

此外，不同类别的材料（绝缘体、导体、半导体）也有不同的导电性。

2.1.2　磁导率

通电导体的周围空间会有磁场产生（见图 2 - 1），导体中的电流与周围空间的磁场强度（H）存在一定的关系，根据毕奥 - 萨伐尔定律，通有电流的导体在空间某点产生的磁感应强度可看作导体每个电流元所产生的磁场强度的矢量和，从而可以得出通电导线或线圈在周围空间产生的磁场强度。

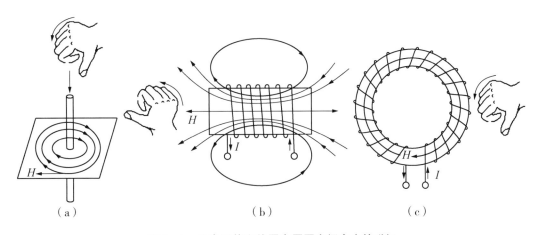

图 2 - 1 通电导体和线圈在周围空间产生的磁场

1. 通电长直导体周围空间的磁场（图 2 - 1a）

电流通过长直导体时，导体周围会产生磁场，以导体为轴线呈现为一簇同心圆，磁力线分布在垂直于载流导体的平面内，磁场方向与电流方向的关系可以用右手定则判别，即大拇指所指为电流方向，四指卷曲指示磁力线方向。

在国际单位制（SI）中有：

$$H = I/2\pi r$$

式中，H 为磁场强度，单位为 A/m；I 为电流强度，单位为 A；r 为长圆柱导体外部至导体中心轴线的距离并且大于导体半径，单位为 m。

由公式可看出通电长圆柱导体外部的磁场强度随着导体外部至导体中心轴线的距离增大而迅速减弱。

2. 通电长螺管线圈内的磁场（图 2 - 1b）

长螺管线圈是指螺管线圈长度（L）远大于螺管线圈直径（D），螺管上采用密绕线圈（线匝排列紧密），管内磁场分布均匀，磁力线方向基本上与螺管中心轴线平行（类似条形磁铁内的磁力线），螺管两端的磁力线延伸到管外形成封闭的磁力线（类似条形磁铁外的磁力线）。磁场方向与线圈电流方向的关系判别法则仍然是用右手定则确定，此时大拇指所指为磁力线方向，四指卷曲指示电流方向。

线圈中心点（螺管线圈长度的中心、线圈横截面中心）的磁场强度按国际单位制（SI）为：

$$H = NI\cos\alpha/L = NI/(L^2 + D^2)^{1/2}$$

式中，H 为磁场强度，单位为 A/m；I 为线圈中流过的电流大小，单位为 A；N 为密绕线圈的匝数，单位为匝；L 为螺管线圈长度，单位为 m；D 为线圈内径，单位为 m；α 为线圈内纵截面对角线与轴线的夹角，单位为度。

对于单层通电长螺管线圈内的均匀磁场强度计算可以使用以下公式：

$$H = IN/L$$

式中，H 为磁场强度，单位为 A/m；I 为电流，单位为 A；N 为密绕线圈的匝数，单位为匝；L 为线圈长度，单位为 m。

例题 2-7：一个长度为 20 cm、40 匝的单层密绕线圈，对线圈通以 5 A 电流时，在线圈内产生均匀磁场的强度是多少？

解：根据磁场强度 $H = IN/L$，$I = 5$ A，$N = 40$ 匝，$L = 20$ cm $= 0.2$ m，则：

$$H = 5 \times 40/0.2 = 1000 \text{ A/m}$$

3. 通电环形螺管线圈内的磁场（图 2-1c）

通电环形螺管线圈的磁力线全部集中在管内，外部几乎没有磁场，如果螺管横截面很小而环的周长很长，则管内的磁场可视作是均匀的。通电环形螺管线圈产生磁场的方向沿环的圆周方向，用右手定则确定，此时大拇指所指为磁力线方向，四指卷曲指示电流方向。

磁场强度按国际单位制（SI）为：

$$H = NI/2\pi R = NI/L'$$

式中，H 为磁场强度，单位为 A/m；I 为线圈中流过的电流大小，单位为 A；N 为缠绕线圈的匝数，单位为匝；R 为圆环的平均半径，单位为 m；L' 为环形螺管中心的圆周长，即圆环的平均长度，单位为 m。

磁场强度（常用符号 H 表示）是表征磁场强度大小和磁场方向的物理量，其数值取决于激磁电流而与周围的物质无关。国际单位制（SI）中的磁场强度单位为安培/米（处于空气中的直径为 1 m 的单匝线圈通以 1 A 电流时，线圈中心的磁场强度为 1 安培/米，英文缩写为 A/m）。

当通电导体周围不是真空，而是存在能被磁化的介质时，磁介质自身将有感应磁场产生，外加磁场和感应磁场的叠加即是磁感应强度（常用符号 B 表示）。磁感应强度是矢量（具有方向性），其大小等于磁通密度（垂直穿过磁介质单位面积上的磁力线条数）。

磁通密度不仅与外加磁场的磁场强度有关，还与受磁场作用的物质种类有关，因此，对铁磁性材料而言，其磁感应强度远大于磁场强度。即：

$$B = \mu H$$

式中，B 为磁感应强度，在国际单位制（SI）中的单位为特斯拉（T）；H 为外加磁场的磁场强度，单位为 A/m；μ 为磁导率，单位为亨/米（H/m）。

磁导率 μ（亦称导磁系数）是表征不同磁介质导磁能力的一个物理量，不同磁介质具有不同的导磁能力，特别是对于铁磁性材料，它被用来表示材料被磁化的难易程度。

磁感应强度（B）与产生磁感应的外部磁场强度（H）之比称为绝对磁导率：

$$\mu = B/H$$

式中，μ 为绝对磁导率，在国际单位制（SI）中的单位为亨/米（H/m）；B 为磁感应强度，单位为特斯拉（T）或韦伯/米^2（Wb/m^2）；H 为外加磁场强度，单位为安培/米（A/m）。

磁介质的绝对磁导率 μ 不是常数，它随外加磁场强度大小不同而有所变化，有最大值和最小值。

真空中的绝对磁导率是常数，即 $\mu_0 = 4\pi \times 10^{-7}\,\text{H/m}$，在工程实用单位制（CGS 单位制）中一般取 $\mu_0 = 1$。

磁介质的绝对磁导率 μ 往往难以实际测量得到，因此，在实际应用中通常使用相对磁导率 μ_r，它等于被磁化的磁介质材料的绝对磁导率 μ 和真空中的绝对磁导率 μ_0 之比，即：

$$\mu_r = \mu / \mu_0$$

相对磁导率 μ_r 是一个无量纲的纯数，可以方便地实际应用于比较各种材料的导磁能力。

能够影响磁场的物质称为磁介质，根据磁介质被磁化时对磁场的影响程度，以相对磁导率大小为依据，可将磁介质分为抗磁性介质、顺磁性介质、铁磁性介质三类。

（1）抗磁性（亦称逆磁性、非磁性）介质

相对磁导率 μ_r 略小于 1，在外加磁场中呈现微弱磁性，并产生与外加磁场反方向的附加磁场，使磁场减弱，亦即被磁化时具有微弱排斥力。例如铜、银、金。

（2）顺磁性介质

相对磁导率 μ_r 略大于 1，在外加磁场中呈现微弱磁性，并产生与外加磁场同方向的附加磁场，使磁场略有增强。例如铝、铂、铬、锰，以及在较高温度下的铁、钴、镍。

（3）铁磁性介质（俗称铁磁性材料）

相对磁导率 μ_r 远大于 1，在外加磁场中呈现很强的磁性，并产生与外加磁场同方向的附加磁场，使磁场剧烈增强。例如铁、镍、钴及其合金。

铁磁性材料在被外加磁场磁化时，其 μ 值最初会随着磁场强度的增加而迅速增大，直到达到一个极大值，然后开始减小，当磁场强度 H 达到一个很大值时，μ 值不再变化而趋近于 1，此时称该铁磁性材料达到磁饱和，此时的磁场强度 H 值则称为饱和磁场强度。

例如钢的主要显微组织是铁素体、渗碳体、珠光体、马氏体及奥氏体。铁素体呈现强的铁磁性，渗碳体呈现弱的铁磁性，珠光体是铁素体和渗碳体的混合物，具有一定的磁性，马氏体呈现铁磁性，奥氏体则呈顺磁性。

一般碳素钢中的主要显微组织是铁素体、珠光体、渗碳体、马氏体及残留的少量奥氏体，因此，一般碳素钢为铁磁性材料。马氏体不锈钢和铁素体不锈钢也属于铁磁性介质。奥氏体不锈钢则属于顺磁性介质。

涡流检测技术适用的对象是导电材料，对于非铁磁性金属材料可以把其磁导率视作常数 1，忽略其影响，但是对于铁磁性材料，不但相对磁导率很大，而且其绝对磁导率在实际上是一个变量，与材料成分、显微组织、温度、形变、加工工艺、热处理状态等都有密切关系，因此在对铁磁性材料进行涡流检测时必须考虑其磁导率变化带来的影响。

影响磁导率的因素主要有化学成分和热处理状态、冷热加工、内应力、温度等。

（1）化学成分和热处理状态

材料的化学成分和热处理状态不同，表现有不同的磁导率，一般来说，材料的纯度越高，热处理产生的金属晶界位错越少或内应力越小，磁导率越大。同一材料在不同热处理状态下（例如退火、淬火、正火）有不同的磁导率。含碳量越高的钢磁导率越大。

（2）冷热加工

冷热加工会使金属的晶格点阵结构发生变化，磁导率也会随之改变。大多数铁磁性材料在冷加工后磁导率会减小，而奥氏体不锈钢经过冷加工形成马氏体相时，由于马氏体具有铁磁性，因此会增大磁导率，甚至一些奥氏体不锈钢在熔化焊焊接后由于存在固化了的具有磁性的 Δ 铁相而具有了磁性。

（3）内应力

铁磁性材料存在的内应力也会影响材料的磁性，通常随着磁场强度增大，具有不同内应力的材料的磁感应强度也有不同程度的增大。

（4）温度

铁磁性材料的磁性会随材料的温度而变化。达到一定温度以上时，材料的磁性会完全消失，该温度称为铁磁性材料的居里温度或居里点（表 2 - 2 列出了一些铁磁性材料的居里点）。在居里温度以上对铁磁性材料进行涡流检测时，就可以把试件当作非铁磁性材料对待。

表 2 - 2　一些铁磁性材料的居里点

材料	居里温度（℃）
纯铁	769
热轧硅钢	690
冷轧硅钢	700
45 坡莫合金	440
78 坡莫合金	580
超坡莫合金	400
钴	$1118 \sim 1124$
镍	$353 \sim 358$
钆	16
渗碳体（Fe_3C）	215
硫化铁（FeS）	320
四氧化三铁（Fe_3O_4）	575
三氧化二铁（Fe_2O_3）	620
软磁铁氧体	$50 \sim 600$
普通铁氧体	$100 \sim 600$

　　铁磁性材料在磁场中被磁化时的一个重要特性是存在磁滞现象（磁性物质具有保留其磁性的倾向，磁感应强度 B 的变化总是滞后于磁场强度 H 的变化）。

　　磁感应强度 B 随磁场强度 H 变化的规律可以用磁滞回线描述（见图 2–2）。

　　如图 2–2 所示，随着外加磁场强度 H 的增大，未磁化试件的磁感应强度从 0 点开始增大，H 增大到 Hs 点时，即便施加在试件上的磁场强度再继续增大，试件内的磁通量也不再有明显的增加，达到正向饱和点 S。此时的 Hs 称为饱和磁场强度，0—S 段称为初始磁化曲线，显现试件从磁感应强度为零开始被磁化达到磁饱和状态的过程。由此可以看出磁场强度和磁感应强度之间不是线性关系，说明磁导率不是一个常数。

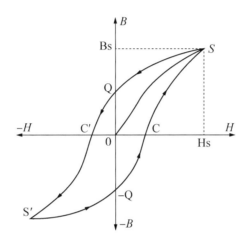

图 2–2　铁磁性材料的磁滞回线

　　铁磁性材料达到饱和磁化后，再从 Hs 点开始把磁场强度减小，逐渐降到零，此时磁感应强度 B 并没有回零，而是达到 Q 值，这是磁化后的剩余磁感应强度 Br，简称为剩磁。为了消除剩磁（使试件的 Br 减到零），则需要施加与原磁化场方向相反的磁场，当反向磁场强度（$-H$）达到 C′点时，Br 下降到零，这个反向磁场强度值称为矫顽力 Hc（0—C′段）。

　　若继续增加反向磁场强度直到负向饱和点 S′，此时的磁场强度为 $-Hs$。把磁场强度从 $-Hs$ 减少到零，则磁化状态变到 $-Q$ 点，即有 $-Br$。如果磁场强度再由零增加到 Hs，则磁化状态又达到正向饱和点 S，所得 SQC′OC 和 S′（$-Q$）COC′曲线，对于原点 0 是对称的。试件的磁化过程经历这样一个循环，形成闭合曲线 SQC′S′（$-Q$）CS，称为铁磁性材料的磁滞回线，该曲线可以直观地说明铁磁性材料的磁滞现象。

　　不同的铁磁性材料有不同的磁滞回线，在涡流检测中，可以利用铁磁性材料磁滞回线的不同形状，测量材料的磁导率变化，测量其剩磁、矫顽磁力以及磁饱和程度上的差异，可以用于材质分选，也可以根据铁磁性材料的磁饱和特性，利用通以直流电产生强磁场的线圈套在铁磁性被检试件上使其达到磁饱和来消除铁磁性试件磁导率变化所引起的干扰信号。

2.1.3　磁饱和处理

当施加在铁磁性试件上的磁场强度无论怎样提高，试件内的磁通量都无明显增加时，这样的磁化程度称作磁饱和。

铁磁性材料的相对磁导率远大于1，对这种高磁导率的材料进行涡流检测时，由于其磁导率不是常数，微小的磁导率变化都会引起很大的本底噪声干扰，而且由于趋肤效应的影响，会大大限制涡流的透入深度，经过冷热加工过的铁磁性材料通常还存在磁性不均匀的问题，在涡流检测时将形成较强的噪声干扰信号，影响缺陷信号的检出。为了消除这种起因于磁导率的影响，通常在对铁磁性材料进行涡流检测前采用直流磁化使被检试件达到磁饱和（这种工艺称为"磁饱和处理"），从而使其磁导率降低到某一常数，可以起到减小本底噪声干扰的效果，有利于消除磁性不均匀、抑制干扰和增大涡流透入深度。检测完成后，可以采用工频交流退磁线圈远离法或者工频交流退磁线圈降流法进行退磁。

2.2　电磁感应

2.2.1　与电磁感应相关的基本物理定律

在任何一个闭合的导电回路里，当通过这一回路所包围面积的磁通量发生变化时，该回路中会有电流（感应电流、感生电流）产生，这种现象称为电磁感应现象，其实质是产生感应电动势。

与电磁感应相关的基本物理定律有毕奥－萨伐尔定律、楞次定律、法拉第电磁感应定律、电磁感应定律。

1. 毕奥－萨伐尔定律

载流导线上的电流元 $\mathrm{d}I$ 在真空中某点 P 的磁感度 $\mathrm{d}B$ 的大小与电流元 $\mathrm{d}I$ 的大小成正比，与电流元 $\mathrm{d}I$ 和从电流元到 P 点的位矢 r 之间的夹角 θ 的正弦成正比，与位矢 r 的大小的平方成反比。简单地说就是：通有电流的导线在空间某点所产生的磁场强度可以看作是导线的每个电流元在该点所产生的磁场强度的矢量和，通过的电流在空间任一点产生的磁感应强度与回路的电流成正比。

2. 楞次定律

闭合回路内产生的感应电流具有确定的方向，由感应电流所产生的磁通总是企图阻碍原来产生感应电流的磁通的变化。

3. 法拉第电磁感应定律

通过回路所包围面积内的磁通发生变化时，回路中将产生感应电动势，其大小等于磁通变化率，即：

$$E_i = -\mathrm{d}\Phi / \mathrm{d}t$$

式中，E_i 为回路中产生的感应电动势；Φ 为回路所包围面积内的磁通量；t 为变化的时间；$\mathrm{d}\Phi / \mathrm{d}t$ 为磁通随时间的变化率。式中的负号表示感应电动势方向与原始电势方向相反，亦即闭合回路中感应电流所产生的磁通总是阻碍产生感应电流的磁通的变化。

4. 电磁感应定律

单匝回路的感应电动势为 $E_i = -q(d\Phi/dt)$，式中的 q 为与单位制相关的比例系数。

如果闭合回路的电阻为 R，则感应电流为 $I_i = -(q/R)(d\Phi/dt)$。

如果是多匝线圈，可以看作是多个回路串联，当磁场发生变化（磁通量变化）时，每个回路（匝）中都有感应电动势，则总的感应电动势 $E_i = -qn(d\Phi/dt)$，式中，n 为匝数。

在米千克秒（MKS）单位制中，比例系数 $q = 1$，感应电动势 E_i 的单位为伏特，磁通量 Φ 的单位为韦伯，时间 t 的单位为秒，则：

$$E_i = -n(d\Phi/dt) = -(dn\Phi/dt)$$

（1）自感现象

一个线圈通过交流电时将产生交变磁场，亦即交变的磁通量，它会对线圈自身回路激励起感应电动势，这种现象即自感现象，产生的感应电动势称为自感电动势（用 E_L 表示），自感电动势将反抗回路中电流的变化。

根据毕奥 - 萨伐尔定律，磁通量与电流成正比，即 $\Phi = LI$，式中的 L 为自感系数，单位为亨利（符号 H，也简称亨），它与线圈的几何形状、尺寸大小、匝数以及线圈缠绕的磁介质（例如铁芯、铁氧体芯）有关，当这些条件一定时，L 为常数。对于相同的电流变化率（交流电的频率），自感系数越大，线圈产生的自感电动势越大，即自感作用越强。

根据法拉第电磁感应定律，自感电动势 $E_L = -d\Phi/dt = -d(LI)/dt = -L(dI/dt)$，式中的负号表示自感电动势反抗回路中电流的变化。

（2）互感现象

两个各自通有交流电 I_1 和 I_2 的线圈相互接近时，通有电流 I_1 的线圈 1 产生的交变磁场在线圈 2 产生感应电动势，而通有电流 I_2 的线圈 2 产生的交变磁场在线圈 1 产生感应电动势，这种两个载流线圈相互在对方激励起感应电动势的现象叫作互感现象，所产生的感应电动势称为互感电动势。互感电动势将反抗线圈中电流的变化。

根据毕奥 - 萨伐尔定律，电流 I_1 产生的交变磁场通过线圈 2 的磁通量 Φ_{2-1} 与电流 I_1 成正比，即：

$$\Phi_{2-1} = M_{2-1}I_1$$

同样，电流 I_2 产生的交变磁场通过线圈 1 的磁通量 Φ_{1-2} 与电流 I_2 成正比，即：

$$\Phi_{1-2} = M_{1-2}I_2$$

式中的 M_{2-1} 和 M_{1-2} 为比例系数，与线圈的几何形状、尺寸大小、匝数、两个线圈的相对位置以及线圈缠绕的磁介质（例如铁芯、铁氧体芯）有关，当这些条件一定时，$M_{2-1} = M_{1-2} = M$ 为常数，称为两个线圈的互感系数（用 M 表示），单位为亨利（符号为 H，简称亨）。

此时，$\Phi_{2-1} = MI_1$，$\Phi_{1-2} = MI_2$，线圈 1 中的电流 I_1 在线圈 2 产生的互感电动势为：

$$E_{2-1} = -d\Phi_{2-1}/dt = -d(MI_1)/dt = -M(dI_1/dt)$$

同理可得，线圈 2 中的电流 I_2 在线圈 1 产生的互感电动势为：

$$E_{1-2} = -M(\mathrm{d}I_2/\mathrm{d}t)$$

两个式子中的负号表示互感电动势反抗线圈中电流的变化。互感系数越大，互感电动势越大，互感现象越强。在两个具有互感的线圈中，如果线圈中的电流变化率（交流电的频率）相同，则分别在另一个线圈中产生的感应电动势也相同。

两个线圈之间耦合的紧密程度用耦合系数 K 表示：

$$K = M/(L_1L_2)^{1/2}$$

式中，L_1 为线圈 1 的自感系数；L_2 为线圈 2 的自感系数。

当两个线圈轴线一致时，两个线圈靠得越近，耦合就越紧密，互感系数 M 值越大，耦合系数 K 也就越大，但是 K 值必定是小于 1 的正数，因为两个线圈之间必定有漏磁通存在。

耦合线圈的互感电路与等效电路如图 2-3 所示。

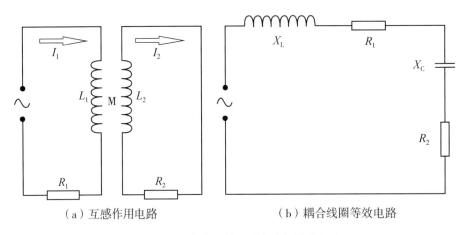

（a）互感作用电路　　　　　　　　（b）耦合线圈等效电路

图 2-3　耦合线圈的互感电路与等效电路

2.2.2　线圈阻抗

电路中有电阻、电容、电感串联时，电压、电流、阻抗的关系如下：

$$U_\mathrm{m}' = I_\mathrm{m}' \times Z = I_\mathrm{m}'(R + \mathrm{j}X) = I_\mathrm{m}'[R + \mathrm{j}(X_\mathrm{L} - X_\mathrm{C})]$$

$$U' = I \times Z = I(R + \mathrm{j}X) = I[R + \mathrm{j}(X_\mathrm{L} - X_\mathrm{C})]$$

式中，U_m' 为电压的复数振幅值；I_m' 为电流的复数振幅值；U' 为电压的复数有效值；I 为电流的复数有效值；Z 为电路的复数阻抗（总阻抗），$Z = (R + \mathrm{j}X) = R + \mathrm{j}(X_\mathrm{L} - X_\mathrm{C})$；$R$ 为电路的总电阻；X 为电路的总电抗；X_L 为电路中的感抗，$X_\mathrm{L} = \omega L$，ω 为交流电的角频率，$\omega = 2\pi f$，f 为交流电频率，L 为线圈的电感；X_C 为电路中的容抗，$X_\mathrm{C} = 1/\omega C$，$\omega = 2\pi f$，$f$ 为交流电频率，C 为电路的总电容。

线圈的自感现象以及两个相邻线圈之间的互感现象会阻碍原电流的增强或减弱，或者说对电压的变化起到阻碍作用，这种作用即为感抗（X_L）。线圈的匝间电容对电压的变化起到阻碍作用，这种作用即为容抗（X_C）。电抗（X）则是感抗与容抗的统称。

图 2-4 所示为电阻-电感-电容（RLC）串联电路的情况。

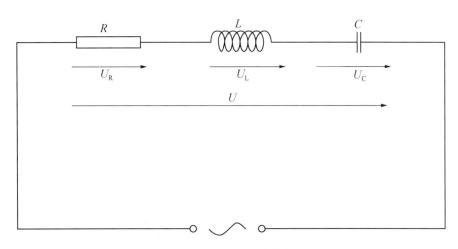

图 2-4　RLC 串联电路

1. 单个线圈的情况

由金属导线绕制成单个线圈，在通入交流电时，导线具有电阻，线圈具有电感，各匝线圈之间还有匝间电容，电阻上的电压和电流同相位，电感上的电压相位比电流相位超前 π/2，电容上的电压相位比电流相位滞后 π/2，在 RLC 串联电路中（见图 2-4），根据欧姆定律，可用复数表示电路中电压和电流的关系。

在涡流检测中，利用上述原理组成的等效电路可以用来分析线圈自身的阻抗，在不同要求下，线圈可以用不同的近似电路表示，例如频率较低时可忽略匝间电容，线圈电阻很小时也可忽略而只用纯电感表示。常见的线圈等效电路有四种形式（见图 2-5）。

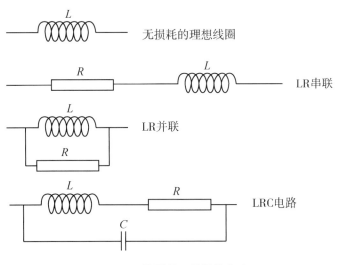

图 2-5　线圈的四种等效电路

涡流检测中最常用的是 LR 串联电路形式，可以得到线圈自身总阻抗为：

$$Z = R + jX = R + j\omega L$$

式中，R 为线圈直流电阻；X 为线圈的电抗（这里只考虑感抗），$X_L = \omega L = 2\pi fL$，ω 为交流电的角频率，$\omega = 2\pi f$，L 为线圈的电感。

从而可以进一步画出线圈的复数阻抗图和复数电压图（见图 2-6）。

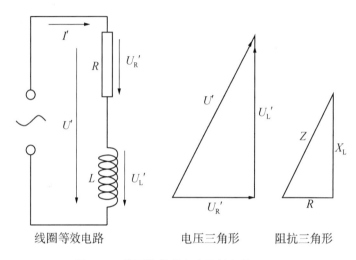

线圈等效电路   电压三角形   阻抗三角形

图 2-6 线圈的等效电路及其复数平面图

电路中的总阻抗为：

$$Z = (X_L^{\,2} + R^2)^{1/2}$$

式中，R 为线圈直流电阻；X_L 为线圈的感抗，$X_L = \omega L = 2\pi fL$（ω 为交流电的角频率，$\omega = 2\pi f$，L 为线圈的电感）。

2. 两个线圈耦合的情况

电路中存在两个相互耦合存在的线圈时，互感对电路中的电压、电流就会有影响，在交流电路分析中最常见的是变压器耦合式互感电路，如图 2-7 所示。

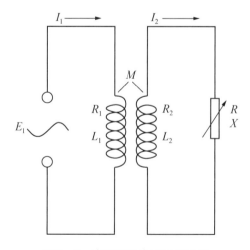

图 2-7 变压器耦合式互感电路

在图2-7中，与电源相连的为线圈1，称作原边，与负载相连的为线圈2，称作副边，尽管原边、副边之间并没有直接的通电连接，但是由于互感现象，副边的闭合电路中会出现感应电流，又通过互感影响原边电路中电压与电流之间的关系。

在涡流检测中，激励线圈通以交流电产生交变磁场而在邻近的导电试件中感应产生涡流，线圈与导电试件就可以等效为这种电路来进行分析。以线圈作为原边，导电试件作为副边（把导电试件看作一组从零递增的圆环即平面线圈叠合），在导电试件上产生感应电流（涡流），涡流本身也将在周围空间产生交变磁场而在激励线圈中产生感应电动势，在原理上同样可以应用楞次定律确定电流方向和应用法拉第电磁感应定律计算任一闭合回路的感应电动势。

线圈在导电试件上某点产生的磁场将与线圈原电流产生的磁场和涡流产生的磁场叠加，形成合成磁场。

影响线圈阻抗的因素是导电试件自身的材料性质和线圈与试件的电磁耦合状况，主要包括试件的电导率、磁导率、几何尺寸、试验频率以及存在缺陷等。如果线圈的原电流振幅不变，线圈和试件之间的距离一定，则涡流以及涡流产生磁场的强度和分布将取决于试件自身的材质。合成磁场中包含了试件的电导率、磁导率以及缺陷（例如裂纹）等信息。

涡流检测技术就是通过检测线圈参数变化的信息（相位、阻抗、振幅等），从而得到被检测试件的质量信息，例如通过电导率的差异变化可以间接得到纯金属的杂质含量、铝合金时效热处理的质量状况等信息，亦即金属或合金材质分选。

2.2.3　趋肤效应

当直流电流通过圆柱导体时，横截面上的电流密度是均匀的，而交流电通过圆柱导体时，导体周围变化的磁场也会在导体中产生感应电流，沿导体横截面各处的电流密度分布是不均匀的，表面层上的电流密度最大，随着进入导体深度的增加，电流密度减小，越往圆柱导体中心越小，按负指数规律从表面向内部衰减，尤其当交流电的频率较高时，电流几乎局限在导体表面附近的薄层中流动，这种高频电流或电磁场在导体内部局限于表面下一定深度内的现象称为趋肤效应（或集肤效应）。交流电的频率越高，趋肤效应越显著。

在涡流检测中，由变化磁场感生的涡流集中分布在靠近激励线圈的导电试件表面，随着激励电流的频率增加，透入深度减小，透入深度还与试件材料的磁导率和电导率相关。产生趋肤效应的原因是试件中不同深度流动着的涡流都要产生一个与原磁场相反的磁场，随着深度增加减弱了磁场并减小了感生电流，亦即随着深度的增加，涡流也大大削弱。涡流密度随着深度的增加按指数衰减，并且还有相位滞后。

在试件有足够厚度时，试件中的涡电流随透入试件表面下的距离（透入深度）增加呈指数函数递减，涡流密度从表面至中心的变化规律为：

$$J_X = J_0 e^{-\alpha x}$$

式中，x 为从导体表面往内部的深度，单位是 m；J_X 为导体中深度 x 处的涡流密度，单位是 A；J_0 为导体表面的涡流密度，单位是 A；α 为衰减系数，$\alpha = (\pi f \mu \sigma)^{1/2}$，其中 f

为交流电频率（单位为 Hz），μ 为导体的磁导率（单位为 H/m），σ 为导体的电导率（单位为 S/m）；e 为自然对数的底。

由于趋肤效应的存在，使得涡流检测技术只能适用于对金属导体表面和近表面进行检测，而对内部缺陷则灵敏度过低，不能满足检测需要。

在涡流检测技术中，需要考虑涡流能够透入导体表面下距离的大小，亦即涡流透入深度。涡流透入深度可分为标准透入深度（也称集肤深度或趋肤深度）和有效透入深度。

1. 标准透入深度 δ（又称厚度常数，亦简称透入深度）

通常将涡流密度下降到表面涡流密度的 $1/e$ 倍（$36.79\% \approx 37\%$）处的深度称为标准透入深度 δ，它与导电试件的电导率 σ、磁导率 μ、交流电频率 f 之间的关系为：

$$\delta = 1/(\pi f \mu \sigma)^{1/2}$$

式中，δ 为标准透入深度，单位是 mm；f 为激励电流频率，单位是 Hz；μ 为试件的绝对磁导率，单位是 H/m；σ 为试件的电导率，单位是 m/（$\Omega \cdot mm^2$）。

在工程计算中，标准透入深度为：

$$\delta = 503/(f\sigma\mu_r)^{1/2}$$

式中，δ 为标准透入深度，单位是 mm；f 为激励电流频率，单位是 Hz；σ 为试件的电导率，单位是 m/（$\Omega \cdot mm^2$）；μ_r 为试件的相对磁导率。

对于非铁磁性材料，标准透入深度为：

$$\delta = 503/(f\sigma)^{1/2}$$

式中，δ 为标准透入深度，单位是 mm；f 为激励电流频率，单位是 Hz；σ 为试件的电导率，单位是 m/（$\Omega \cdot mm^2$）。

例题 2-8： 请推导标准透入深度公式 $\delta = 503/(f\sigma\mu_r)^{1/2}$ 的由来。

解：原始标准透入深度公式 $\delta = 1/(\pi f \mu \sigma)^{1/2}$，式中，$f$ 为激励电流频率，单位为 Hz；σ 为材料的电导率，单位为 m/（$\Omega \cdot mm^2$）；μ 为材料的磁导率，单位为 H/m。

由于 $\mu_r = \mu/\mu_0$，即 $\mu = \mu_r\mu_0$，$\mu_0 = 4\pi \times 10^{-7}$ H/m（真空磁导率），代入原式并简化：

$$\begin{aligned}
\delta &= 1/(\pi f \mu \sigma)^{1/2} \\
&= 1/(4\pi^2 \times 10^{-7} \times f\mu_r\sigma)^{1/2} \\
&= 1/(4\pi^2 \times 10^{-7})^{1/2}(f\mu_r\sigma)^{1/2} \\
&= 1/1.9869 \times 10^{-3}(f\mu_r\sigma)^{1/2} \\
&= 503.3/(f\mu_r\sigma)^{1/2} \\
&\approx 503/(f\mu_r\sigma)^{1/2}
\end{aligned}$$

例题 2-9： 请推导标准透入深度公式 $\delta = 503/(f\sigma)^{1/2}$ 的由来。

解：原始标准透入深度公式 $\delta = 1/(\pi f \mu \sigma)^{1/2}$，式中，$f$ 为激励电流频率，单位为 Hz；σ 为材料的电导率，单位为 m/（$\Omega \cdot mm^2$）；μ 为材料的磁导率，单位为 H/m。

由于 $\mu_r = \mu/\mu_0$，对于非铁磁性材料，可以认为 $\mu_r = 1$，即 $\mu \approx \mu_0 = 4\pi \times 10^{-7}$ H/m

（真空磁导率），代入原式并简化：

$$\delta = 1/(\pi f \mu \sigma)^{1/2}$$
$$= 1/(4\pi^2 \times 10^{-7} \times f\sigma)^{1/2}$$
$$= 1/(4\pi^2 \times 10^{-7})^{1/2}(f\sigma)^{1/2}$$
$$= 1/1.9869 \times 10^{-3}(f\sigma)^{1/2}$$
$$= 503.3/(f\sigma)^{1/2}$$
$$\approx 503/(f\sigma)^{1/2}$$

例题 2-10： 对某非铁磁性材料进行涡流探伤时，$f = 2$ kHz，$\rho = 20 \times 10^{-8}$ Ω·m，透入深度值为多少？

解：非铁磁性材料 $\mu_r = 1$，

$\rho = 20 \times 10^{-8}$ Ω·m $= 20 \times 10^{-8}$ Ω·m²/m $= 20 \times 10^{-8}$ Ω·10^6 mm²/m $= 20 \times 10^{-2}$ Ω·mm²/m，

$f = 2$ kHz $= 2000$ Hz，

$\sigma = 1/\rho = 1/20 \times 10^{-2} = 5$ m/Ω·mm²，

根据标准透入深度公式 $\delta = 503/(f\sigma)^{1/2}$，则：

$\delta = 503/(2000 \times 5)^{1/2} = 5.03$ mm

例题 2-11： 检测频率为 100 Hz 时，涡流在铝合金板材（具有足够厚度，电导率为 25 MS/m）中的标准透入深度为多少？

解：根据非铁磁性材料标准透入深度公式 $\delta = 503/(f\sigma)^{1/2}$，$f = 100$ Hz；$\sigma = 25$ MS/m $= 25$ m/(Ω·mm²)，则：

标准透入深度 $\delta = 503/(100 \times 25)^{1/2} = 10.06$ mm

激励电流频率越高，导电性能和导磁性能越好的材料，其趋肤效应越显著，亦即透入深度越小。

注意这个标准透入深度值对于半无限厚材料和在平面磁场激励的情况下才是正确的，在实际应用中的试件厚度是有限的，激励磁场也并非平面磁场，但可以认为材料厚度大于 δ 的 5 倍和涡流探头（检测线圈）直径大于 δ 的 10 倍时，上式是近似成立的，因为探头直径越大，激励磁场就越接近平面磁场（但是在涡流检测中需要考虑小缺陷的检测灵敏度时，实际应用的探头直径不能太大，因此，理论计算得到的标准透入深度值和实际的透入深度是有较大误差的）。

对于薄板和管材，涡流密度随深度减弱但不致衰减到零，因为涡流虽然被限制在试件中流动，但磁场还会穿过试件延伸到空间或再进入到第二层试件，因而涡流检测技术可以应用于检测多层的由空气分隔的零件。对于实心圆柱体（如棒材），则涡流密度在圆柱体中心衰减到零。

2. 有效透入深度

涡流检测中，表面下缺陷的检测灵敏度取决于缺陷处的涡流密度，因而提出了有效

透入深度的概念。

工程中通常定义 2.6 倍的标准透入深度为涡流的有效透入深度（对于大直径探头和厚试件还可以加大到接近 3 倍的标准透入深度）。

有效透入深度的意义是：有效透入深度上的涡流密度约为表面涡流密度的 10%，或者说 2.6 倍标准透入深度范围内的涡流可视为能对涡流检测线圈产生有效影响，其余范围以外的影响可忽略不计。

在涡流检测工艺中，需要根据被检测试件的电导率、相对磁导率和应用的激励电流频率（俗称试验频率）来判断可能达到的透入深度，或者根据被检测试件的电导率、相对磁导率和检验标准要求达到的透入深度反过来确定合适的试验频率。

表 2 - 3 所示为常用金属材料在不同试验频率下的标准透入深度。

表 2 - 3　常用金属材料在不同试验频率下的标准透入深度

材料	电阻率（×10⁻⁸ Ω·m） （$\times 10^{-8}$ Ω·m）	试验频率（kHz）						
		1	3	10	30	50	100	400
		透入深度（mm）						
铜	1.62	2.02	1.17	0.64	0.36	0.28	0.20	0.10
黄铜	7.20	4.27	2.47	1.35	0.78	0.60	0.43	0.21
白铜	14	5.96	3.44	1.88	1.09	0.84	0.60	0.30
铝（L5 - 1）	2.92	2.72	1.57	0.86	0.50	0.39	0.27	0.14
铝合金（LD9）	4	3.18	1.84	1.01	0.57	0.45	0.32	0.16
铝合金（LF2）	4.90	3.53	2.03	1.12	0.64	0.50	0.35	0.17
铝合金（LY12）	5.70	3.80	2.19	1.20	0.69	0.53	0.38	0.19
不锈钢（1Cr18Ni9Ti）	76.9	13.96	8.06	4.42	2.55	1.98	1.40	0.69
锆	50	11.26	6.50	3.556	2.05	1.59	1.13	0.56
钛	55	11.81	6.82	3.73	2.15	1.67	1.18	0.60

2.2.4　相位滞后

涡流检测时，试件中存在的缺陷对涡流响应的信号包含受缺陷影响的涡流信号幅度与相位。例如位于表面的较小缺陷和表面下的较大缺陷可能使线圈阻抗幅度产生相同的变化，但是因为响应信号随深度变化有相位滞后，这将使线圈阻抗矢量具有不同的特征，这种效应有助于确定缺陷的埋藏深度。试件不同深度处的缺陷会引起涡流信号矢量点 P 的相位角变化，涡流信号相位角自试件表面向深处随透入深度成线性滞后，表面涡流信号与表面下某距离处涡流信号的相位滞后角度：

$$\theta_x = x / (\pi f \mu_r \sigma)^{1/2}$$

式中，θ_x 为滞后相位角；x 为试件缺陷埋藏深度；f 为试验频率；μ_r 为试件的相对磁导率；σ 为试件的电导率。

在试件上同样大小的缺陷，深处缺陷的涡流信号幅度较表面缺陷的涡流信号幅度小并且有相位滞后，在涡流检测中需要注意鉴别。

这里所说的相位滞后在涡流检测信号分析中有着重要作用，但是不要将其误解为交流电中电压和电流之间的相位角差异，实际上感应电压和感应电流随着深度变化也都有相位滞后的问题。

2.3　涡流检测的基本原理

2.3.1　涡流检测线圈的阻抗

涡流检测技术中应用的检测线圈有多种结构形式（见图2-8），不同结构形式的线圈在不同的试验频率、与试件电磁耦合形式等情况下，表现出对线圈阻抗的影响不同。

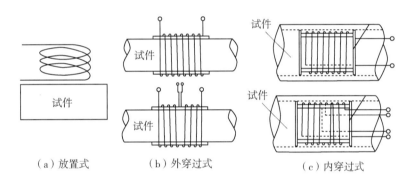

|（a）放置式|（b）外穿过式|（c）内穿过式|

图2-8　涡流检测技术应用的不同结构形式的检测线圈

1. 视在阻抗与阻抗归一化

（1）涡流检测线圈的阻抗 Z：

$$Z = (X_L{}^2 + R^2)^{1/2}$$

式中，R 为线圈直流电阻；X_L 为线圈电抗（感抗），$X_L = \omega L = 2\pi f L$（$\omega$ 为交流电的角频率，$\omega = 2\pi f$；L 为线圈电感）。

（2）涡流检测线圈的复数阻抗 Z：

$$Z = R + jX_L = R + j\omega L$$

式中，R 为线圈直流电阻；X_L 为线圈电抗（感抗），$X_L = \omega L = 2\pi f L$（$\omega$ 为交流电的角频率，$\omega = 2\pi f$；L 为线圈电感）。

（3）具有一次线圈和二次线圈的涡流试验线圈的视在阻抗：

两个线圈相互耦合，一次线圈中通以交流电，由于互感的作用，在闭合的二次线圈中将有感应电流产生，同时，这个感应电流又通过互感的作用，会影响到一次线圈中电流、电压的关系。这种影响可以用二次线圈电路中的阻抗通过互感反映到一次线圈电路

中的折合阻抗 $Z_z = R_z + jX_z$ 来体现，式中的 R_z 和 X_z 分别为折合电阻和折合电抗，则折合阻抗与一次线圈自身阻抗之和称为视在阻抗 Z_s。

$$Z_s = R_s + jX_s, \quad R_s = R_1 + R_z, \quad X_s = X_1 + X_z$$

式中，R_s 和 X_s 分别为视在电阻和视在电抗。

应用二次线圈折合到一次线圈后得到的视在阻抗的概念后，就可以认为一次线圈电路中电流或电压的变化是由于电路中视在阻抗的变化所引起的。因此，根据电路中视在阻抗的变化，可以推知二次线圈对一次线圈的影响，从而推知二次线圈电路中的阻抗变化，进而得出线圈的阻抗平面图，经过归一化处理后可应用于涡流检测中的线圈阻抗分析。因为被检试件可以看作是一卷平面线圈的叠合块，如果用被检试件代替二次线圈，利用上述耦合线圈视在阻抗的讨论，就能够近似地应用于涡流检测线圈与被检试件耦合的情况。

阻抗平面图（Impedance Plane Diagram，图 2 - 9）是以阻抗 R 为横坐标，电抗 X 为纵坐标所形成的直角坐标系。通过涡流检测仪器测定检测线圈的电阻抗变化量，在该坐标系中可得到一个具有一定幅度（amplitude）和相位（phase）的矢量点，由于被检试件上各种因素、参数的变化会引起该矢量点在该坐标系中发生位移而形成各种各样的轨迹，这样得到的图形称为阻抗平面图。阻抗平面图是表示涡流检测线圈阻抗的电阻分量及感抗分量与检测频率、试件的导电率、磁导率及尺寸等的基本关系图，通过对阻抗平面图的分析可以对试件的特性做出评估。

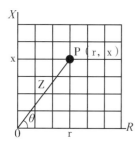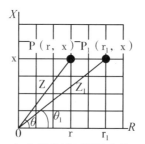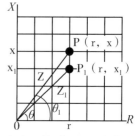

（a）阻抗平面图：R 为阻抗，X 为电抗，矢量和为 Z，涡流信号点为 P，OP 为幅度，θ 为相位角

（b）阻抗平面图的变化：电抗不变，阻抗从 r 增加到 r_1，P 点移动到 P_1，幅度从 Z 变化到 Z_1，相位角从 θ 变为 θ_1

（c）阻抗平面图的变化：阻抗不变，电抗从 x 变化到 x_1，P 点移动到 P_1，幅度从 Z 变化到 Z_1，相位角从 θ 变为 θ_1

图 2 - 9 阻抗平面图

图 2 - 10 是非铁磁试件厚度与电导率关系的阻抗平面图示例。

归一化阻抗平面图是对线圈阻抗平面图进行归一化处理后得到的阻抗平面图，归一化阻抗平面图具有统一的形式，仅与耦合系数有关，而与原边线圈的电阻和激励频率无关，具有了很强的可比性，特点是：

①消除了一次线圈电阻和电感的影响，具有通用性。

②阻抗图的曲线以一系列影响阻抗的因素（如电导率、磁导率等）作参量。

③阻抗图形可以形象化地定量表示出影响阻抗的各因素的效应大小和方向，为涡流

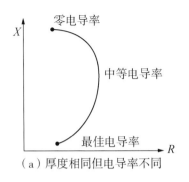

（a）厚度相同但电导率不同

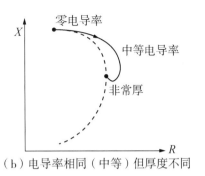

（b）电导率相同（中等）但厚度不同

图 2 – 10 非铁磁试件厚度与电导率关系的阻抗平面图示例

检测时选择检验方法与条件、减少各种效应的干扰提供了参考依据。

④对于各种类型的试件和检测线圈有各自对应的阻抗图。

图 2 – 11 是线圈阻抗平面图和经过归一化后的线圈阻抗平面图示例。

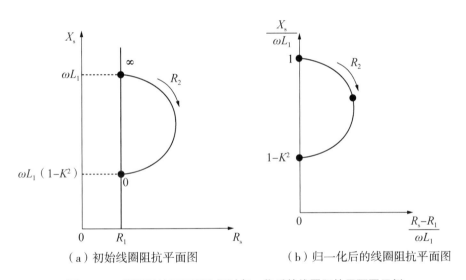

（a）初始线圈阻抗平面图　　　　（b）归一化后的线圈阻抗平面图

图 2 – 11 线圈阻抗平面图和经过归一化后的线圈阻抗平面图示例

2.3.2 有效磁导率和特征频率

1. 有效磁导率 μ_{eff}

引起检测线圈阻抗发生变化的直接原因是受被检试件上涡流磁场变化的影响，但是被检试件上涡流的磁场分布是不均匀的，例如在通有交流电的圆筒形线圈中放置有长的导电圆柱体试件时，试件内总的磁场强度 H 在横截面上是从表面值 H_0 沿着半径向中心按逐步减弱的规律变化，检测时需要分析和计算试件在检测线圈作用下的磁场变化，然后得出检测线圈阻抗的变化，才能对各种因素进行分析，这种不均匀磁场分布的分析比较复杂，给理论计算带来了困难。

德国福斯特（Forster）提出了有效磁导率 μ_{eff} 的概念（称为"福斯特模型"），使涡流检测中的阻抗分析问题大大简化。

福斯特模型的基本内容有三项（见图 2-12）：

①假定圆柱体的整个截面上有一个恒定不变的磁场强度 H_0（代替实际变化着的磁场 H_Z）。

②假定磁导率在截面上沿半径方向变化（代替实际上恒定的磁导率 μ），以这个变化着的磁导率为有效磁导率 μ_{eff}。

③使上述情况下所产生的磁通等于圆柱体真实情况下的磁通。

有效磁导率 μ_{eff} 的数学表达式为：

$$\mu_{eff} = \{2/[(-j)^{1/2}kr]\}\{j_1[(-j)^{1/2}kr]/j_0[(-j)^{1/2}kr]\}$$

式中，$k = (\omega\mu\sigma)^{1/2}$，$\omega$ 是角频率，$\omega = 2\pi f$，f 是激励电流的频率，μ 是介质的绝对磁导率，$\mu = \mu_r\mu_0$，μ_0 是真空磁导率，μ_r 是介质的相对磁导率，σ 是介质的电导率；r 为圆柱体半径；$j_0[(-j)^{1/2}kr]$ 为零阶贝塞尔函数；$j_1[(-j)^{1/2}kr]$ 为一阶贝塞尔函数；$[(-j)^{1/2}kr]$ 为贝塞尔函数的虚宗量。

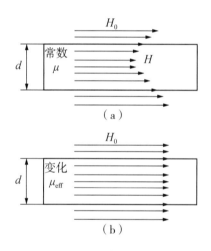

图 2-12　福斯特模型的磁场分布

图 2-12 中，a 是检测线圈中含有圆柱体导电试件时磁场强度的真实分布，b 是福斯特的假想模型。

有效磁导率的物理意义是把实际试件中实际变化着的磁感应强度但具有恒定磁导率的情况假设为试件中具有恒定的磁感应强度但具有变化着的磁导率，这个变化着的磁导率就是有效磁导率。

有效磁导率不是一个常量而是一个含有实部和虚部的复数，对于非铁磁性材料，其模小于 1。它与激励频率 f、导体半径 r、电导率 σ 和磁导率 μ 这些变量有关。

从有效磁导率的概念中可以得到涡流检测工艺中确定适当激励频率的重要参数，即特征频率。

2. 特征频率 f_g

特征频率亦称界限频率、特征频率或固有频率，通常用符号 f_g 表示。

在福斯特模型的有效磁导率 μ_{eff} 的数学表达式中，贝塞尔函数虚宗量 $\left[(-j)^{1/2}kr \right]$ 的模为 1 时所对应的激励电流频率定义为特征频率 f_g，亦即：

$$(-j)^{1/2}kr = (-j)^{1/2}(\omega\mu\sigma)^{1/2}r = (-j)^{1/2}(2\pi f\mu\sigma)^{1/2}r$$

其模为 1 时得到：$(2\pi f_g\mu\sigma)^{1/2}r = (2\pi f_g\mu\sigma r^2)^{1/2} = 1$，$f_g = 1/2\pi\mu\sigma r^2$。

式中，f_g 为特征频率，单位为 Hz；μ 为试件的磁导率，单位为 H/m；σ 为试件的电导率，单位为 m/$(\Omega \cdot mm^2)$；r 为试件的半径，单位为 cm。

特征频率 f_g 的物理意义：对于和试件紧密耦合的检测线圈，当撤去外加能量（断开激励电流）时，线圈与试件的组合系统依靠本身贮存的电磁能量而发生电振荡的频率就是特征频率 f_g。当外加交变能量（激励电流）的频率与特征频率相同时，系统自身消耗能量最少。因此，特征频率是材料的一个固有特性，取决于材料自身的电磁特性和几何尺寸。

必须注意：对于特定试件，特征频率并不是实际涡流检测的试验频率的上限或下限，也不一定是应采用的最佳试验频率，它只是包含除缺陷外的圆柱导体尺寸和材料电磁性能信息的特征参数。

在涡流检测中，试件上的磁感应强度和涡流密度分布与试验频率 f 和特征频率 f_g 之比（f/f_g）有着密切的关系，计算特征频率将有利于求出对各种试件最佳的激励电流频率，以保证得到合适的透入深度、检测灵敏度以及抑制干扰。

对于一般的试验频率 f 而言，贝塞尔函数的变量（kr）可以表示为 $kr = (f/f_g)^{1/2}$，而 $\mu = \mu_r\mu_0$，因此：

$$f/f_g = 2\pi f\mu_r\sigma r^2 = \omega\mu_r\sigma r^2$$

以常用工程单位制表示可得到简化计算式。

圆棒材：$f_g = 5066/\mu_r\sigma D^2$（外通过式）。

电导率以国际退火铜单位百分比（单位是 % IACS）表示时有：$f_g = 8713/\mu_r\sigma D^2$（外通过式）。

薄壁管：$f_g = 5066/\mu_r\sigma D_a^2 t$（外通过式），$f_g = 5066/\mu_r\sigma D_i^2$（内通过式）。

厚壁管：$f_g = 5066/\mu_r\sigma D_a^2$（外通过式），$f_g = 5066/\mu_r\sigma D_i^2$（内通过式）。

注：所谓厚壁管是指壁厚大大超过有效透入深度的管状制品。

球体（具有对称形状的短零件，如滚珠、滚柱、销钉、短螺栓、螺母等）：$f_g = 5066\mu_r/\sigma D^2$（外通过式）。

式中，f_g 为特征频率，单位为 Hz；μ_r 为试件的相对磁导率，非铁磁性材料 $\mu_r \approx 1$；σ 为试件的电导率，单位为 m/$(\Omega \cdot mm^2)$；D 为试件的直径，单位为 cm；t 为管材壁厚，单位为 cm；D_i 为管材内径，单位为 cm；D_a 为管材外径，单位为 cm。

例题 2 – 12： 请推导非铁磁性圆柱材料特征频率公式 $f_g = 5066/\sigma D^2$ 的由来。式中，f_g 为特征频率，单位为 Hz；σ 为电导率，单位为 m/$(\Omega \cdot cm^2)$，D 为圆柱直径，单位为 cm。

解：原始公式是 $f_g = 1/2\pi\mu\sigma r^2$，式中，$f_g$ 为特征频率，单位为 Hz；σ 为电导率，单位为 m/（$\Omega \cdot cm^2$）；r 为圆柱体半径，单位为 cm；μ 为磁导率，对于非铁磁性材料，可以认为 $\mu \approx \mu_0 = 4\pi \times 10^{-7}$ H/m（真空磁导率），代入原式并简化，设圆柱体直径 $D = 2r$，单位为 cm，则：

$$f_g = 1/2\pi\mu\sigma r^2 = 1/2\pi \times 4\pi \times 10^{-7} \times \sigma \times （D/2）^2 = 1/2\pi^2 \times 10^{-7} \times \sigma \times D^2 \approx 5066/\sigma D^2 。$$

例题 2-13： 已知某铝合金棒材电导率 $\sigma = 18.9$ m/（$\Omega \cdot mm^2$），直径为 30 mm，求它的特征频率。

解：根据非铁磁性圆柱材料特征频率公式 $f_g = 5066/\sigma D^2$，这里 $D = 30$ mm = 3 cm，$\sigma = 18.9$ m/（$\Omega \cdot mm^2$），则：

$$f_g = 5066/（18.9 \times 3^2） = 30 （Hz）$$

例题 2-14： 已知直径 30 mm 铝棒的电导率为 61% IACS，请计算涡流检测的特征频率是多少。

解：电导率以国际退火铜单位百分比表示时，圆棒材的特征频率 $f_g = 8713/\mu_r\sigma D^2$，非铁磁性材料 $\mu_r = 1$，$\sigma = 61\%$ IACS，$D = 3$ cm，因此：

$$f_g = 8713/3^2 \times 61 = 16 （Hz）$$

例题 2-15： 某钢丝直径 3 mm，相对磁导率 $\mu_r = 2000$，电导率 $\sigma = 1.2$ m/（$\Omega \cdot mm^2$），请计算其特征频率为多少。

解：圆棒材的特征频率 $f_g = 5066/\sigma\mu_r D^2$，$\sigma = 1.2$ m/（$\Omega \cdot mm^2$）；$\mu_r = 2000$；$D = 0.3$ cm，则：

$$f_g = 5066/（1.2 \times 2000 \times 0.3^2） = 23.5 （Hz）$$

例题 2-16： 已知铝圆柱导体的电导率 $\sigma = 35.4 \times 10^6$ S/m，直径 30 mm，求它的特征频率。

解：非铁磁性圆柱材料特征频率公式 $f_g = 5066/\sigma D^2$，

$\sigma = 35.4 \times 10^6$ S/m = 35.4 m/（$\Omega \cdot mm^2$）；$D = 3$ cm，则：

$$f_g = 5066/（35.4 \times 9） = 16 （Hz）$$

例题 2-17： 已知铜的电导率为 58 m/（$\Omega \cdot mm^2$），求 $\Phi 25 \times 1$ mm 的铜管采用内通过式线圈涡流检测的特征频率是多少。

解：采用内通过式线圈涡流检测时，薄壁管的特征频率 $f_g = 5066/\mu_r\sigma D_i^2$，铜管的 μ_r 可视为 1，电导率 $\sigma = 58$ m/（$\Omega \cdot mm^2$），铜管内径 $D_i = 2.3$ cm。因此：

$$f_g = 5066/\sigma D_i^2 = 5066/58 \times 2.3^2 = 16.5 （Hz）$$

例题2-18： 某钢管规格 Φ 16 × 1 mm，相对磁导率 $\mu_r = 2000$，电导率 $\sigma = 1.2$ m／（$\Omega \cdot mm^2$），采用外通过式线圈检测，请计算其特征频率为多少。

解：薄壁管特征频率 $f_g = 5066／\mu_r \sigma D_i^2 t$，相对磁导率 $\mu_r = 2000$，电导率 $\sigma = 1.2$ m／（$\Omega \cdot mm^2$），钢管内径 $D_i = 1.4$ cm，$t = 0.1$ cm，因此：

$$f_g = 5066／（2000 \times 1.2 \times 1.4^2 \times 0.1）= 11（Hz）$$

除了利用公式计算特征频率外，也可以利用诺模图求出特征频率（见图2-13）。

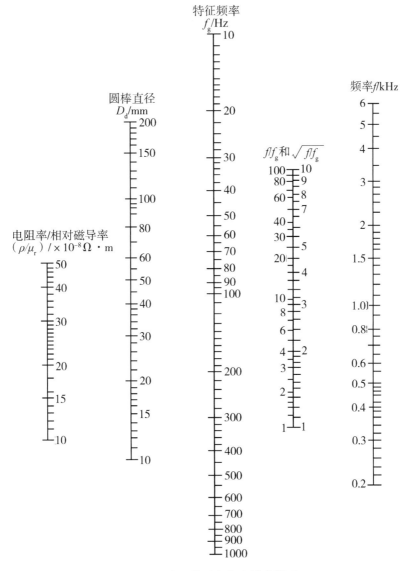

图2-13 求圆棒特征频率的诺模图

在图2-13中，以电阻率／相对电导率的值与圆棒直径两点直线连接延长到特征频率栏，即可得到特征频率值。

在图 2 - 13 中，以求得的特征频率值与选定的试验频率 f 与特征频率 f_g 之比（f/f_g）两点直线连接延长到频率栏，即可得到试验频率值。

有效磁导率 μ_{eff} 的数值随变量（kr）的不同而变化，因此，只要知道试件的特征频率 f_g，并计算出涡流检测的试验频率 f 与特征频率 f_g 之比（f/f_g），即可计算出有效磁导率 μ_{eff}。

表 2 - 4 所示为部分不同频率比 f/f_g 的有效磁导率 μ_{eff}。

表 2 - 4　不同频率比 f/f_g 的有效磁导率 μ_{eff}

f/f_g	μ_{eff}		f/f_g	μ_{eff}	
	实数部分	虚数部分		实数部分	虚数部分
0.00	1.0000	0.0000	10	0.4678	0.3494
0.25	0.9989	0.0311	12	0.4202	0.3284
0.50	0.9948	0.06202	15	0.3701	0.3004
1	0.9798	0.1216	20	0.3180	0.2657
2	0.9264	0.2234	50	0.2007	0.1795
3	0.8525	0.2983	100	0.1416	0.1313
4	0.7738	0.3449	150	0.1156	0.1087
5	0.6992	0.3689	200	0.1001	0.09497
6	0.6360	0.3770	400	0.07073	0.06822
7	0.5807	0.3757	1000	0.04472	0.04372
8	0.5361	0.3692	10000	0.01414	0.01404
9	0.4990	0.3599			

在分析线圈阻抗时，可以应用 μ_{eff} - f/f_g 曲线（有效磁导率 μ_{eff} 与频率比 f/f_g 各点关系的曲线），也可以借用棒材的公式计算阻抗值或复数电压值，即：

$$\omega L/\omega L_0 = U_i/U_0 = 1 - \eta + \mu_r \mu_{eff实部}$$

$$R - R_0/\omega L_0 = U_r/U_0 = \eta \mu_{eff虚部}$$

式中，R 和 R_0 分别为二次线圈和一次线圈的直流电阻；ωL 和 ωL_0 分别为二次线圈和一次线圈的电抗（感抗）；U_i 为复数电压；U_r 为实数电压；η 为填充系数。

例如薄壁管的有效磁导率：$\mu_{eff实部} = 1/[1 + (f/f_g)^2]$，$\mu_{eff虚部} = (f/f_g)/[1 + (f/f_g)^2]$。

3. 最佳频率比 f/f_g 和最佳试验频率

在涡流检测技术应用中，获得特征频率的目的是进一步获得最佳试验频率，这是通过最佳频率比 f/f_g 来解决的。例如通过获得最佳频率比使得表面下裂纹的涡流显示幅度能达到最大，对电导率、壁厚和裂纹的试验灵敏度达到最高，分离钢圆柱体裂纹和直径的影响，检验薄壁管的裂纹、合金或壁厚等。

对管材进行涡流检测时，可以求取最佳频率比以获得最高的检测灵敏度：

$$f/f_{g圆柱} = 2/\left[1 - (t/r_a)\right](t/r_a) = 1/\left[1 - (2t/D)\right](t/D)$$

式中，f 为试验频率，单位为 Hz；f_g 为特征频率，单位为 Hz；t 为管材壁厚，单位为 cm；r_a 为管材外半径（$r_a = D/2$，D 为管材外径），单位为 cm。

根据实际检测的管材规格得到最佳频率比以及根据上面公式计算或借助诺模图（通常可以借用与管材相同外径的圆柱体试件的特征频率诺模图）得到 f_g，就能得出最佳试验频率。当然，为了得到 f_g，管材的电导率、磁导率（或相对磁导率）是必须得到的。

表 2 – 5 所示为非铁磁性管材涉流检测的部分最佳频率比及选用范围。

表 2 – 5　非铁磁性管材涉流检测的最佳频率比及选用范围

t/r_a	最佳 $f/f_{g圆柱}$	f/f_g 范围
0.4	8.35	6 ~ 12
0.3	9.5	7 ~ 14
0.2	12.5	9 ~ 18
0.1	22.5	15 ~ 30
0.05	42	30 ~ 60
0.02	100	70 ~ 140
0.01	200	140 ~ 280

由表 2 – 5 可看出壁厚越薄的管材适用越高的试验频率。

例题 2 – 19： 已知某材料特征频率 f_g 为 12 Hz，请计算 $f/f_g = 20$ 时所需要的试验频率为多少？

解：$f/f_g = 20$，$f = 20f_g = 20 \times 12 = 240$ Hz

例题 2 – 20： 对 $\Phi 57 \times 3.5$ mm 的低碳钢无缝钢管进行外穿过法检测，采用磁饱和技术，假定达到相对磁导率 $\mu_r = 1$，钢管的电阻率 $\rho = 10 \times 10^{-2}$ $\Omega \cdot mm^2/m$，其试验频率为多少？

解：薄壁管的特征频率 $f_g = 5066/\mu_r \sigma D_a^2 t$，电导率 $\sigma = 1/\rho = 10$ m/ $(\Omega \cdot mm^2)$，$D_a = 5.7$ cm，$t = 0.35$ cm，可以计算出 $f_g = 44.5$ Hz，计算 $t/r_a = 0.1228$，查表 2 – 5 取近似最佳 f/f_g 为 20 左右，因此最佳试验频率应为 890 Hz 左右。

图 2 – 14 所示为非铁磁性圆柱体表面裂纹深度（以占直径的百分比表示）和 f/f_g 以及垂直于直径方向的有效磁导率增量之间的关系曲线，曲线幅度高则表示检测时的裂纹显示明显，亦即检测灵敏度高，在图 2 – 14 中可以看到最佳频率比 f/f_g 是在 10 ~ 50 之间。

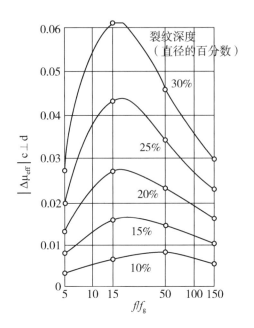

图 2 - 14 非铁磁性圆柱体表面裂纹深度和 f/f_g 以及有效磁导率增量之间的关系曲线

4. 涡流相似律

有效磁导率 μ_{eff} 的数值随 kr 变化，取决于频率比 f/f_g，而 μ_{eff} 又决定了试件内涡流和磁场强度的分布，因此试件中涡流和磁场强度的分布仅是 f/f_g 的函数。对于两个形状相似但大小不同的试件，如果二者各自对应部位的实际涡流试验频率 f 与特征频率 f_g 之比（f/f_g）相同，则这两个试件的有效磁导率、涡流密度和磁场强度的几何分布均相同，此即涡流试验的相似律。即：

$$f_1 \mu_{r1} \sigma_1 D_1{}^2 = f_2 \mu_{r2} \sigma_2 D_2{}^2$$

式中，f_1、f_2 分别为对试件 1 和试件 2 所用的试验频率；μ_{r1}、μ_{r2} 分别为试件 1 和试件 2 的相对磁导率；σ_1、σ_2 分别为试件 1 和试件 2 的电导率；D_1、D_2 分别为试件 1 和试件 2 的直径。

例题 2 - 12 涡流试验相似律的应用实例：

铝棒试件为 $f_1 = 145$ Hz，$D_1 = 10$ cm，$\sigma_1 = 35$ S/m（根据 $f_g = 5066/\sigma D^2$，求得 $f_{g1} = 1.45$ Hz）。

铁丝试件为 $f_2 = 5.07$ MHz，$D_2 = 0.1$ cm，$\sigma_1 = 10$ S/m，$\mu_r = 100$（$\mu_r = \mu/\mu_0$，$\mu_0 = 4\pi \times 10^{-7}$ H/m，得到 $\mu = 4\pi \times 10^{-5}$ H/m，根据 $f_g = 1/2\pi\mu\sigma r^2$，求得 $f_{g2} = 50712$ Hz）。

铝棒试件的 $f_1/f_{g1} = 100$。

铁丝试件的 $f_2/f_{g2} = 100$。

两者的频率比相同，则两者的涡流试验结果，亦即有效磁导率、磁场强度和涡流密度分布是相同的。如果频率变化引起频率比变化，将引起有效磁导率变化，亦即导致磁场强度和涡流密度分布的不同。

根据相似律，只要频率比相同，几何相似的不连续性缺陷（例如以圆柱体直径百分率表示的一定深度和宽度的裂纹）将引起相同的涡流效应和相同的有效磁导率变化。

对于在涡流检测中那些不能用数学计算提供理论分析结果，也不能精确地直接用实物加以实测的问题，可以根据涡流检测相似律通过模型试验来推断检测结果。

在涡流检测中，最普通的应用就是利用带有人工缺陷的对比试块作为实际涡流检测时评定缺陷影响的参考依据。

2.3.3 复数阻抗平面图

在涡流检测中，试件待检测的性能信息是通过检测线圈的阻抗变化或电压效应来获取的，因此涉及线圈匝数、感应电压大小、磁通量大小等。

线圈内无试件和有试件时的感应电压不同，并且存在填充系数的问题，可以得到不同情况的线圈复数电压平面图和复数阻抗平面图，通常涉及含导电圆柱体线圈（穿过式线圈）、含导电管材线圈（穿过式线圈）、内通过式线圈以及探头式（放置式）线圈。前三者均涉及填充系数，而填充系数的实质是提离效应的影响。

2.3.4 相关效应

1. 提离效应

涡流检测线圈与被检试件表面的相对距离逐步增大时，到达试件的磁力线发生变化，改变了试件中的磁通，试件上的涡流密度也随之逐渐减小，从而影响到线圈的阻抗变化，这种现象称为提离效应。

例如我们将放置式探头放在试件表面，就会得到一个较大的信号指示，而当探头慢慢离开试件时，随着距离的增加，指示值将会逐渐减小。

涡流检测时，提离效应影响很大，涡流检测仪器上多用适当的电学方法对其予以抑制。但也可以利用提离效应测量金属表面涂层或绝缘覆盖层的厚度。

2. 填充系数 η

填充系数用于描述被检试件与环绕它的线圈或将其插入线圈之间的距离程度（电磁耦合程度），适用于穿过式线圈（外通过式与内通过式）的情况，用试件横截面积实际占据线圈横截面积的百分数表示。

填充系数是影响管、棒、线材涡流检测灵敏度的重要因素，一般在可能的情况下，希望填充系数尽可能高，亦即填充系数值越大，检测灵敏度就越高，实质上是填充系数值越大，提离效应的影响越小。

对于外通过式线圈，填充系数的近似值是用试件横截面积与按线圈内径计算的横截面积之比来表示的，也是圆柱体试件直径或管径与线圈内径之比的平方：

$$\eta = (D_{试件直径} / d_{线圈内径})^2$$

式中，$d_{线圈内径}$ 为线圈内直径（有效直径），单位为 mm；$D_{试件直径}$ 为试件直径，单位为 mm。

对于内通过式线圈，填充系数的近似值是线圈外径与试件内径之比的平方：

$$\eta = (d_{线圈外径} / D_{试件内径})^2$$

式中，$d_{线圈外径}$ 为线圈外径（有效直径），单位为 mm；$D_{试件内径}$ 为试件内径（有效直径），单位为 mm。

例题 2-21： 管规格 $\Phi 10 \times 1$ mm，采用内径 $d = 1.2$ cm 的外通过式线圈进行探伤，其填充系数为多少？

解：外通过式线圈对管材的填充系数 $\eta = (D_{试件直径}/d_{线圈内径})^2$，式中，$D_{试件直径} = 10$ mm $= 1$ cm，$d_{线圈内径} = 1.2$ cm，因此填充系数：$\eta = (1/1.2)^2 \approx 0.694$

例题 2-22： 管规格 $\Phi 16 \times 1$ mm，采用外径 $d = 1.2$ cm 的内通过式线圈进行探伤，其填充系数为多少？

解：内通过式线圈对管材的填充系数 $\eta = (d_{线圈外径}/D_{试件内径})^2$，式中 $D_{试件内径} = 14$ mm $= 1.4$ cm，$d_{线圈外径} = 1.2$ cm，因此填充系数：$\eta = (1.2/1.4)^2 \approx 0.735$

图 2-15 是在含非铁磁性金属圆柱体穿过式线圈在填充系数等于 1 的情况下，单位长度上的归一化复阻抗或复电压平面图，即有效磁导率的复平面图，纵坐标表示归一化复阻抗（复电压）的实部。

图 2-16 为不同填充系数 η 的复阻抗（复电压）平面图，图中的实线曲线是依据不同的填充系数、变化不同的频率比 f/f_g 所得到的线圈阻抗随 f/f_g 变化的关系曲线，以

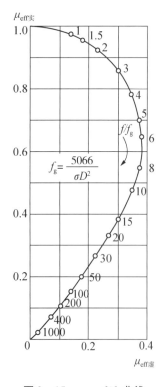

图 2-15 $\mu_{eff} - f/f_g$ 曲线

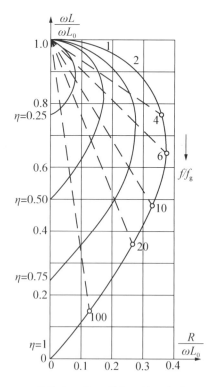

图 2-16 不同填充系数 η 的复阻抗（复电压）平面图

U_i 为复数电压，U_r 为实数电压，则：

$$R/\omega L_0 = U_r/U_0, \quad \omega L/\omega L_0 = U_i/U_0$$

3. 边缘和末端效应

涡流检测线圈激发的磁场方向是向各个方向伸展的。当检测线圈达到被检试件边缘、凹坑或减薄处时，由于涡流流动的路径发生畸变，感应的涡流会发生畸变变化，这种现象在涡流检测技术中叫作边缘效应，表现为干扰信号。当涡流检测线圈接近试件的始末两端时，其常被称作末端效应、端头效应或端尾效应。

边缘效应和末端效应产生的干扰信号一般远远超过所要检测的信号，在实际涡流检测中，通常利用一些电学方法（例如在检测线圈上加磁屏蔽）或机械方法（例如减小检测线圈尺寸或缩短线圈的长度）来消除边缘效应和末端效应的干扰。

4. 影响线圈阻抗的因素

涡流检测时，影响试验线圈阻抗的主要因素是试件自身的材料性质和线圈与试件的电磁耦合状况，可从如下特性函数中表现出来：

$$1 - \eta + \mu_r\mu_{eff}$$

式中，η 为填充系数；μ_r 为试件的相对磁导率；μ_{eff} 为有效磁导率。

此外，还有试件的电导率、试件的形状尺寸、缺陷及试验频率等。

（1）电导率

如果电导率 σ 改变，将引起频率比变化，则特征频率 f_g 改变，$f_g = 1/(2\pi\mu\sigma r^2)$，$r$ 是试件半径，引起有效磁导率改变，影响阻抗图中阻抗值在曲线上的位置，引起的变化效应处于阻抗曲线的切线方向，最终导致线圈阻抗改变。由于电导率的差异会引起检测线圈阻抗发生变化，因此可以利用涡流检测的方法进行材料的电导率测量和材质的分选等工作，并且材料的某些工艺性能（如硬度、强度）也与电导率有对应关系，可以通过测定电导率的变化来推断材料的某些工艺性能。

（2）磁导率

非铁磁性材料的磁导率 μ_r 近似为 1，所以对阻抗无影响。铁磁性材料的磁导率 μ_r 远大于 1 而且是变化的，对阻抗影响显著，这种变化一方面改变了频率比，从而改变有效磁导率，另一方面，它还改变特性函数中 $\mu_r\mu_{eff}$ 的影响效果，引起的变化效应处于阻抗曲线的弦向，阻抗随铁磁性材料试件相对磁导率 μ_r 值的增大而增大。铁磁性材料试件的直径变化和磁导率变化对检测线圈阻抗的影响相似（在阻抗图上，两者变化引起的曲线方向相同），因此难以区分。对于铁磁性材料，利用相敏技术可以鉴别电导率的变化和磁导率的变化。一般频率比小于等于 15 时，具有良好的分辨力。

对高磁导率的铁磁性材料检测时，由于磁导率不是一个常数，微小的磁导率变化都会引起很大的本底噪声。消除噪声的方法是采用直流磁化将被检试件磁化到饱和，使磁导率变小，达到某一常数。

（3）试件的形状尺寸

试件几何尺寸通常以直径（或半径）描述。试件直径的变化一方面改变频率比，从而改变有效磁导率，另一方面则影响填充系数的大小，因此试件几何尺寸对线圈阻抗的影响是双重的。当试件是非铁磁性材料时，直径的增加会引起有效磁导率的降低，而铁磁性材料则相反（磁场增量超过涡流对磁场的削弱量）。试件直径效应的方向在复阻抗图上弦向虚线方向，电导率效应的方向在复阻抗图曲线的切线方向，对于非铁磁性圆柱体试件，利用相敏技术可以鉴别电导率的变化和直径的变化，一般频率比大于 4 时，具有良好的分辨力。对于铁磁性材料，要区分相对磁导率变化和直径变化的效应则是困难的。

（4）缺陷

试件中的缺陷对线圈阻抗的影响可以看作是缺陷内含物的电导率、缺陷的几何尺寸两个参数影响的综合结果，它在复阻抗图上的效应方向介于电导率效应和直径效应之间。由于试件中缺陷的出现是随机的，缺陷位置、深度和形状的综合影响结果使缺陷对线圈阻抗的影响无法进行理论计算，通常是借助于模型进行实验，例如以各种材料中不同形状尺寸和位置的人工缺陷（空气隙）在不同试验频率下的试验结果制成参考图表用于实际检测中选择适宜的试验条件。

缺陷的宽度（例如裂纹的开口宽度，称为开隙度）与延伸深度之比称为缺陷的宽深比。宽深比增大，其对线圈阻抗的影响就越转向"直径效应"的方向。利用这一特点，也可以对缺陷的危害性做出估计，例如涡流检测时发现缺陷效应与直径效应之间的取向夹角很大，表明可能存在深度大而开隙度小的裂纹，属于危害性大的缺陷；如果是宽深比大（例如划道、凹坑等）的缺陷，则缺陷效应与直径效应之间的夹角很小，属于非危险性缺陷。

（5）试验频率

涡流检测的试验频率对线圈阻抗的影响表现在频率比 f/f_g 上，由于有效磁导率是以频率比 f/f_g 为参变量的，随着试验频率的不同，线圈在阻抗曲线上的位置也发生改变，试验频率和电导率在阻抗图上的效应方向是一致的。

阻抗图是以 f/f_g 为参数描绘出来的，f/f_g 一般取 $10\sim40$。若 f/f_g 过小，则电导率变化方向与直径变化方向的夹角很小，用相位分离法难以分离，但 f/f_g 也不宜过大。试验频率增大时，由于趋肤效应的存在，涡流会局限于表面薄层流动；试验频率降低时，透入深度增大，阻抗值沿曲线向上移动。

在涡流检测中，为了提高检测灵敏度和有效分离各种影响因素（如直径效应、电导率效应、缺陷效应等），需要选择最佳试验频率，而最佳试验频率随检测目的和对象的不同而不同。

应注意不要把最佳试验频率与试件的特征频率混淆，通常最佳试验频率要比特征频率高很多。

对于放置式线圈，影响阻抗变化的主要因素包括电导率、磁导率、试验频率、缺陷类型以及试件厚度等，在阻抗图上的阻抗变化方向各不相同，可以采用相位分离法将需要检测的因素与干扰因素分离开，以达到检测的目的。

对于放置式线圈，提离效应的影响很大，需要用适当的电子学方法对其加以抑制。此外，还有温度变化的影响和试件厚度变化的影响。

对于放置式线圈，还有线圈直径的影响，线圈直径增加，在阻抗图上的阻抗值沿曲线向下移动，与频率增大的效应相似。原因是线圈直径的增加使试件的磁通密度增加了，增大了涡流值，相当于电导率的增大，在实际应用中需要选择最佳检测工作条件，例如改变试验频率、改变线圈直径等。

不同形式的线圈（外通过式、内通过式、放置式）和不同类型的试件（实心导电圆柱体、厚壁导电管材、薄壁导电管材、平面导电试件、球形导电体等），可以利用计算机模拟得出不同的阻抗图，但还要通过实验进行校正才能满足实际检测应用的需要。

第3章 涡流检测设备与器材

涡流检测技术属于五大常规工业无损检测方法之一，随着电子科学技术日新月异的发展，该技术越来越受到重视。

从发展历史来看，涡流检测仪器设备可分为五代产品：

第一代是以分立元件为主构成的涡流检测仪，它仅能显示检测目标（如缺陷、材料变化等）的一维信息，这类产品由于价格低廉，能解决特定范围内的无损检测问题，因此目前仍拥有一定的市场。

第二代产品是以计算机为主体、采用涡流阻抗平面分析技术的多功能涡流检测仪，它能把涡流检测信号的幅度、相位信息实时显示在屏幕上，并且有分析、储存、打印等功能。

第三代是以多频涡流技术为基础的智能化仪器，它除了具有第二代涡流检测仪的所有性能外，还能在检测过程中抑制某些干扰噪声，提供检测的可靠性并拓宽其应用范围。

第四代是把数字电子技术、频谱分析技术及图像处理技术有机结合的智能多频涡流检测仪器，它突破了常规涡流检测仪使用中的某些局限，大大强化了仪器的性能。

第五代是近年来发展起来的，将多种无损检测技术、网络技术、多信息融合技术等融为一体的智能多功能综合型检测仪器，这种仪器以多种方法互补的方式，扬长避短，实现了以涡流检测为主、多种无损检测方法共同检测（例如综合超声检测、漏磁检测、内窥镜检测、远场涡流检测、低频涡流检测、多频涡流检测等的一体机），达到全面评估目标的目的。

3.1 涡流检测仪器的分类

常见的涡流检测仪器分类如下：

1. 按用途分类

（1）涡流电导率测试仪（简称涡流电导仪）

被检试件的电导率是影响检测线圈阻抗特性的重要因素之一，试件的电导率发生变化时，检测线圈的阻抗特性也会发生变化。在检测时，以标准电导率试件为参考基准，与被检试块比较线圈阻抗特性的变化，即可得出被检试件的电导率值。如图3 - 1 至图3 - 3。

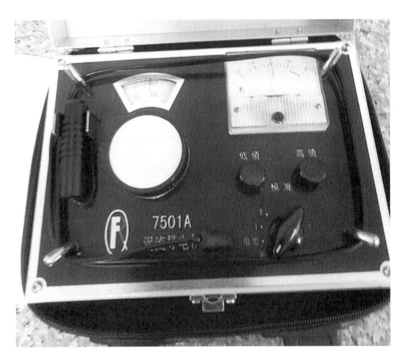

图3 - 1　FQR - 7501A 型指针式涡流电导仪

（厦门星鲨仪器有限公司）

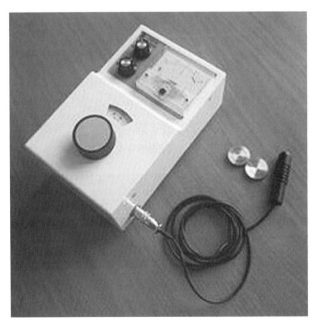

图3 - 2　FQR - 7501B 型指针式涡流电导仪

（厦门星鲨仪器有限公司）

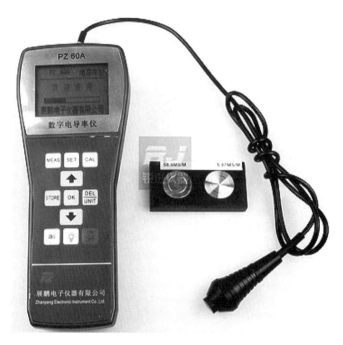

图 3 - 3   PZ - 60A 型数字式电导仪

（展鹏电子仪器有限公司）

（2）涡流涂层测厚仪（简称涡流测厚仪）

这是利用了涡流检测中的提离效应，用于测量非铁磁性金属基体上的绝缘层厚度（微米级），绝缘层厚度不同，金属基体上的涡流产生的磁场对检测线圈的作用程度则不同，通过测量检测线圈感应电压的大小可以反映绝缘层的厚度。例如第四章的图 4 - 62 中的 KD - 1 型涡流涂层测厚仪。

（3）涡流探伤仪

被检试件上存在的表面或近表面缺陷会使试件上感应生成涡流的分布和流动形式发生畸变，从而改变涡流的磁场对检测线圈阻抗的影响，测定这些缺陷导致检测线圈的阻抗变化，即可判定试件上是否存在缺陷。如图 3 - 4 至图 3 - 6。

图 3 - 4   WT - 32A 型涡流探伤仪，阴极射线管（CRT）图像显示

（宁波检测仪器有限公司）

图 3 – 5　FQR – 7505 型指针式涡流探伤仪
（厦门星鲨仪器有限公司）

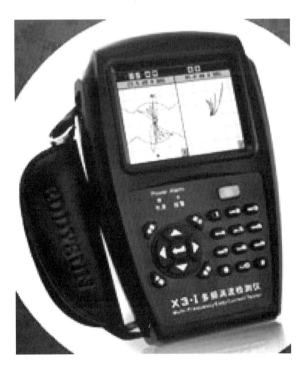

图 3 – 6　X3 – I 掌上型数字式多频涡流探伤仪
［爱德森（厦门）电子有限公司］

（4）涡流分选仪

不同材质或不同制造工艺的被检试件具有不同的电导率，以合格试件的电导率为依据，测量成批被检试件的相对电导率变化，可以进行材质分选（例如混料、热处理质量不均匀等）。如图3-7。

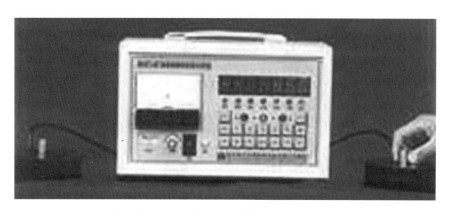

图3-7 ZGF-Ⅱ型智能钢材质硬度无损分选仪（微安表及数码管双重显示方式）

（南京仙林电子仪器厂）

（5）多功能综合型仪器

这是兼备涡流探伤、电导率测量和涂层测厚等功能的涡流检测仪器。如图3-8和图3-9。

图3-8 SMART-301智能掌上型数字式多功能涡流检测仪

［爱德森（厦门）电子有限公司］

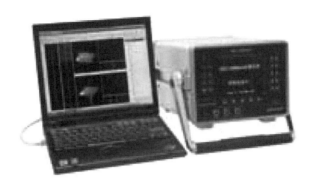

图3-9　EEC-2008型智能电磁/超声/声阻抗检测系统
（集常规涡流、远场涡流、磁记忆、漏磁、低频电磁场、内窥镜、超声及声阻检测于一体）
[爱德森（厦门）电子有限公司]

2. 按照检测结果显示方式分类

涡流检测结果的显示方式一般是针对涡流探伤仪而言的，可分为阻抗幅值型和阻抗平面型两类。

（1）阻抗幅值型仪器

阻抗幅值型仪器在显示终端仅给出检测结果幅度的相关信息，没有包含检测信号的相位信息，如电表指针显示、数码管读数显示、示波器时基线上的波形显示、液晶显示数值等。这类仪器指示的结果并不一定是最大阻抗值或者阻抗变化最大值，通常是在最有利于抑制干扰信号的相位条件下的阻抗分量，可以通过具有相位调节功能仪器上的相位旋钮调整，观察电表指针摆动幅度变化、示波器时基线上的波形幅度变化或者数字读数来加以确认。如电表指针式、数字表头读数式和以示波器时基线上波形显示的涡流探伤仪、涡流电导率测试仪及涡流涂层测厚仪等。

（2）阻抗平面型仪器

阻抗平面型仪器在显示终端不仅给出检测结果幅度的相关信息，而且同时给出检测信号的相位信息。当调节相位控制旋钮或按键时，只是显示信号的相位角发生变化，其幅值不会发生变化。因此，阻抗平面型涡流探伤仪都必须具有荧光显示屏或液晶显示屏。

3. 按照工作频率特征分类

（1）单频涡流检测仪

所谓单频涡流检测仪，并非仅限于只有单一激励频率的仪器，还包括激励频带可以很宽的涡流探伤仪，可以给激励线圈提供不同频率的电流，但是在同一时刻只能以单一的选定频率工作。

属于单频涡流检测仪的是只有单一激励频率的涡流测厚仪和涡流电导仪以及宽频带涡流探伤仪，有些涡流电导率测试仪也具有2种或2种以上激励频率可选，但是在同一时刻仅能以单一的选定频率工作。

（2）多频涡流检测仪

多频涡流检测仪是指可以同时选择2个或2个以上激励频率工作的涡流检测仪，通常是多频涡流探伤仪。多频涡流探伤仪通常具有2个或2个以上信号激励与检测的工作通道，因此又被称为多通道涡流探伤仪，例如 2 通道、4 通道、8 通道等。

4. 按操作方式分类

（1）手工操作型（手动涡流检测装置）

手工操作型（手动涡流检测装置）一般包括便携式涡流检测仪器和检测线圈（探头）。

（2）自动检测系统（自动涡流检测装置）

自动检测系统（自动涡流检测装置）一般包括涡流检测仪器、检测线圈（探头）、机械传动装置、记录装置和磁化装置（用于磁饱和处理，对于非铁磁性材料不需要磁化装置）。

3.2 涡流检测仪的工作原理

3.2.1 涡流检测仪的基本工作原理

由激励单元（信号发生器）产生具有一定频率的交流电供给激励线圈，线圈产生交变磁场并在被检试件中感应产生涡流，涡流受到试件性能的影响而发生磁场变化，使线圈阻抗发生变化，然后通过信号检出电路检测出线圈阻抗的这些变化，以电压信号输送到放大单元，电压信号经过放大并传送给处理单元，抑制或消除干扰信号，提取有用信号，最终通过显示单元显示检测结果。归纳起来，涡流探伤仪的检测过程包括产生激励、信号拾取、信号放大、信号处理、消除干扰和显示检测结果等。

实现涡流检测的基本条件是有能产生具有一定频率的交变激励电流以及测量线圈阻抗变化的装置（仪器）、检测线圈（探头）和被检试件（导电体），此外还需要必要的辅助装置。

根据不同的检测目的和应用对象，目前已经研制出了多种类型的涡流检测仪器。尽管各类仪器的电路组成不尽相同，但是工作原理的基本结构是相同的。

图 3－10 所示为最基本的涡流检测系统原理。

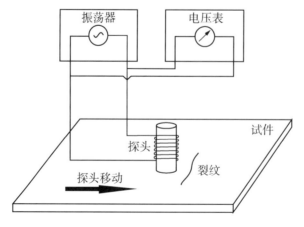

图 3－10 最基本的涡流检测系统原理

图 3 – 11 所示为涡流检测仪的基本组成。

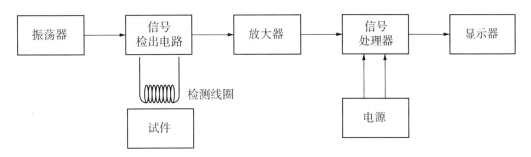

图 3 – 11 涡流检测仪的基本组成

如图 3 – 11 所示，最基本的涡流探伤仪是由振荡器产生一定频率的交流电流过检测线圈（探头），探头紧贴着被检试件表面移动扫查，试件上没有缺陷的部位感应产生的涡流是基本均匀的，涡流产生的磁场对探头线圈阻抗的影响也基本上是均匀的，当线圈移动到试件上有裂纹处时，所产生的涡流将因裂纹的阻碍而减小，因此，此处的涡流产生的磁场对探头线圈阻抗的影响将发生变化，通过信号检出电路→放大器→信号处理器→显示器，指示出探头线圈感应电动势的变化（假设电流保持常数），最简单的指示器如电压表。

图 3 – 12 所示为使用探头式线圈的电表指针型涡流探伤仪的电路，各部分的作用如下。

①振荡器：产生一定频率的交流电作为高频振荡激励电流供给检测线圈。

②探头式检测线圈：通以一定频率交流电的检测线圈激起的交变磁场能在被检试件中感应产生涡流，同时，受涡流的磁场对线圈的反作用，线圈的电性能（感应电动势、阻抗）发生变化，这种变化就包含了被检试件中的各种待检测信息。

③桥路：利用电桥（最常用的是四臂桥路）的平衡比较特点，将含有各种待检测信息的检测线圈中的电性能变化转换成电信号输出。

④差动放大器：将桥路输出的微弱信号加以放大。

⑤检波器：用来抑制各种干扰因素产生的杂波，从而提取所需要的检测信号。

⑥校正器：零点校正，作为试件上没有缺陷存在时的仪器灵敏度设定。

⑦电表：常见为微伏电压表，可通过电表回路中的可变电阻来调节检测灵敏度。

⑧振幅鉴别器：设定一定的阈值，对低于缺陷信号的噪声，用信号幅值鉴别器来消除。

⑨报警器：设定一定的阈值，当信号达到或超过某一电平时将触发报警信号（蜂鸣器、指示灯、标记装置等），以提醒检测人员注意。

在大多数的涡流检测技术应用中，检测线圈的阻抗变化一般都是很微小的，例如探头经过被检试件上的表面或近表面缺陷时，线圈的阻抗变化可能小于1%。对于这样微小的变化，要想测量出绝对阻抗或电压是很难的。因此，在涡流检测仪器中，广泛采用了各种交流电桥、平衡电路和放大器等，以便于检测和放大探头线圈的阻抗变化。由于

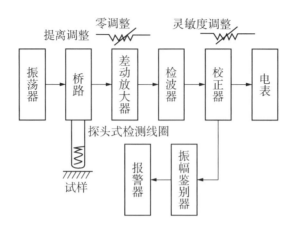

图 3 - 12　探头式线圈的涡流探伤仪电路

线圈的阻抗变化是被检试件各种参数（形状、尺寸、材质和缺陷等）影响的综合反映，因此在检测时还需要采用多种电路（如相敏检波、滤波等）来抑制或消除干扰信号，拾取所需要的有用信号（如缺陷信号等）。

涡流检测获得的信号中包括有用信号（缺陷信号）与干扰信号（所有影响测试系统测试能力的信号），有用信号与干扰信号的强度或者幅值之比称为信噪比，亦即检测中想要获得的缺陷信号能量与背景噪声能量之间的比值，通常表示为 SNR 或 S/N。在涡流检测技术应用中，通常要求信噪比 S/N≥3，即缺陷的最小可检出能量至少为噪声能量的 3 倍，或者说有用信号的强度或者幅值至少为干扰信号的 3 倍。

在涡流检测中，常见的干扰信号一般取决于被检试件的表面清洁情况以及表面粗糙度、几何形状、不同材质等，此外，涡流检测仪器上设置的增益和滤波等参量调节是否适当，使用的供电电源（频率、电压波动），还有涡流检测设备和探头本身的性能与质量，被检试件邻近的旋转机械、电动机和驱动器等产生的电磁场干扰，涡流检测系统机械部件运行中发生的振动导致检测线圈和试件发生抖动，都会影响涡流检测系统的干扰信号。

常用的典型涡流探伤仪主要有以下两种：

典型涡流探伤仪之一是管、棒、丝材的涡流探伤仪器（见图 3 - 13）。其原理是振荡器产生一定频率的交变信号，同时供给交流电桥的两臂，探头线圈构成交流电桥的一个桥臂，电桥的另一桥臂为比较线圈。

因为探头线圈和比较线圈的阻抗实际上不可能完全相等，所以一般采用自动平衡电路来消除电桥两臂之间的电压差（被检试件上无缺陷时），例如交流电桥通常容许两臂的线圈阻抗相差不大于 5%。

电桥达到平衡后，输出信号接近于零。如果被检试件上出现差异（如有缺陷存在），将使电桥失衡，产生一个微小信号输出，经过仪器的放大→相敏检波和滤波，滤除掉干扰信号（噪声），最后经过幅度鉴别器，进一步滤除噪声，从而获得需要显示和记录的信号。

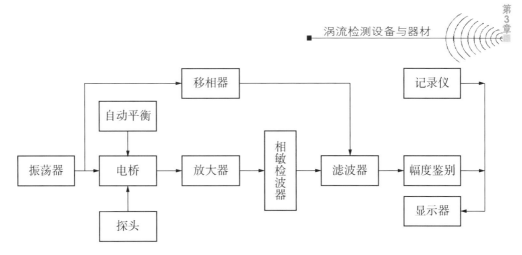

图3-13 管、棒、丝材外通过式涡流检测典型系统

这类仪器具有阻抗的相位分析、相敏检波等功能，但最后的显示结果以信号的幅度为主，因此属于阻抗幅度型涡流检测仪。

典型涡流探伤仪之二是涡流阻抗平面分析系统（见图3-14）。这类仪器是以线圈阻抗的全面分析为基础的。信号发生器（正弦振荡器）产生具有一定频率的正弦电流，同时供给交流电桥的两臂，探头线圈仍作为交流电桥的一个桥臂（通过变压器耦合），电桥的另一桥臂为比较线圈，采用自动平衡电路以消除两个线圈之间的电压差。自动平衡电路用一个相位相反、幅度相等的电压来自动抵消两臂之间的不平衡电压。

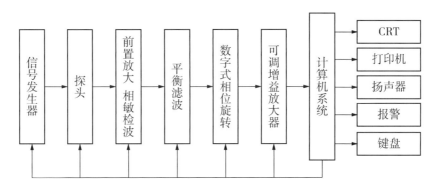

图3-14 涡流阻抗平面分析系统原理

电桥达到平衡后，输出信号接近于零。如果被检试件上有缺陷出现在探头线圈下面，将使电桥失衡，产生一个微小的不平衡信号输出，经过仪器的放大→相敏检波和滤波，变成一个包含有线圈阻抗变化的相位和幅度特征的直流信号，再将这个信号分解成X和Y两个互相垂直的分量，在X-Y监视器屏幕上进行显示。显示信号的两个分量能同时旋转，可以选择任意的参考相位对信号进行相位和幅度分析。信号也可以记录在X-Y磁带或纸带记录仪上，供人工或计算机进行分析评价。

这种仪器除了具有幅度分析功能外，还可以进行相位分析，因此属于阻抗平面型涡流探伤仪。

上述两类仪器大部分基本电路是一致的。

3.2.2 涡流检测仪器的基本电路

典型的电桥电路如图 3 – 15 所示，涡流探伤仪的典型电桥电路如图 3 – 16 所示。

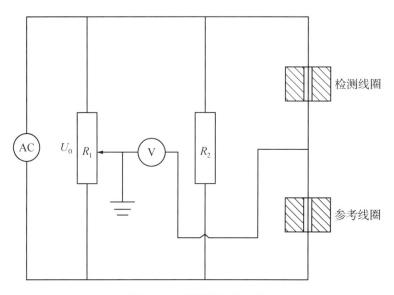

图 3 – 15　典型的电桥电路

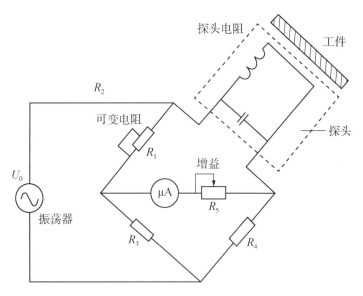

图 3 – 16　涡流探伤仪的典型电桥电路

1. 交流电桥法

大多数涡流检测仪器采用交流电桥来测量线圈之间或者线圈和参考线圈之间的微小阻抗变化。涡流检测仪器中典型的电桥线路中多了两个附加桥臂，探头线圈和可变电阻（电位器）并联，调节可变电阻，使两个线圈产生的电压矢量的相位角相等，平衡电压矢量的幅度，使电压矢量的幅度和相位满足平衡条件。当探头放置到试件上检测到裂纹时，会出现不平衡电压，通过电位器调节电桥至平衡，调节量的大小即可以作为检测结果。

近年来，自动平衡技术（包括机械式和电子式）得到了越来越多的应用，这样，电桥就可以借助伺服电动机或电子线路实现自动平衡。

2. 相位分析法

缺陷产生的信号轨迹和干扰因素产生的信号轨迹在相位上通常是不同的，利用这种相位上的差异，可以通过选择相位来抑制干扰因素的影响，亦即利用信号的相位差对干扰信号进行抑制，这是一种常用的信号处理方法。

常用的相位分析法有相敏检波法和不平衡电桥法。

相敏检波法是通过移相器以选定相位的电压作为控制电压来抑制检测线圈桥路输出的干扰信号，只要选择控制信号和干扰信号相差90°进行检波，就能在输出信号中消除干扰信号而保留有用信号（因为有用信号和干扰信号之间存在相位差）。这是采用相敏检波来消除干扰信号的原理。相敏检波的优点是电路比较简单，因此在涡流检测仪器中被广泛采用。其缺点是当干扰信号不是一条直线而是曲线的时候，相敏检波法在抑制干扰信号的同时，也会使输出的缺陷信号损失。在理论上，当缺陷信号电压与干扰信号电压的矢量方向相同（同一直线方向）时，相敏检波器在抑制干扰信号的同时，缺陷信号的损失最大；当缺陷信号电压与干扰信号电压的矢量方向垂直时，相敏检波器在抑制干扰信号的同时，缺陷信号的损失为零。因此，在实际应用中，由于干扰信号电压并非线性变化，而是表现为曲线，所以用相敏检波方式抑制干扰信号很难达到理想效果。

图3-17所示为相敏检波器原理，图3-18所示为相敏检波电路实例。

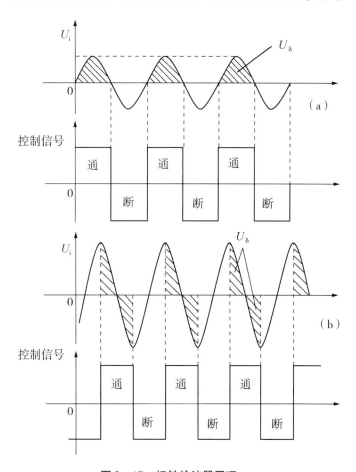

图3-17　相敏检波器原理

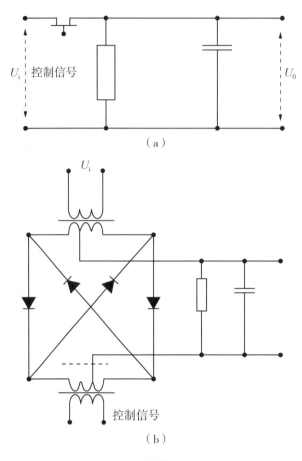

图 3 - 18　相敏检波电路实例

　　涡流检测时，仪器参数或被检试件诸因素的变化都会引起检测线圈的阻抗变化，当试件上的某一参数改变时，线圈平面阻抗图上的阻抗矢量将沿着一定的相位变化，这一特点有利于在涡流检测中区分不同的参数或者选择所需的检测参数。在涡流检测仪中，这是通过相敏检波来实现的。相敏检波需要可供选择的参考相位，这是通过移相器来实现的。移相器是一种可以将某一给定电压信号（矢量）的相位角改变一定角度的电路装置，理想的移相器应能在保持输出电压幅度不变的情况下，使信号相位角在0°～360°范围内任意改变。

　　图 3 - 19 所示为移相电路示例。

　　不平衡电桥法是通过调节电桥参数，令参考电压与干扰信号电压相位相反抵消，使电桥的输出电压与干扰电压无关，而仅输出由缺陷引起的电压变化（例如通过并联电容C 来实现），而且电桥输出电压的幅值不随提离的变化而改变，但却受缺陷存在的影响，从而可以抑制阻抗平面中电压变化轨迹呈近似圆弧形的干扰信号（抑制提离效应的干扰），提取缺陷存在的有用信息，这是采用相敏检波法难以做到的。

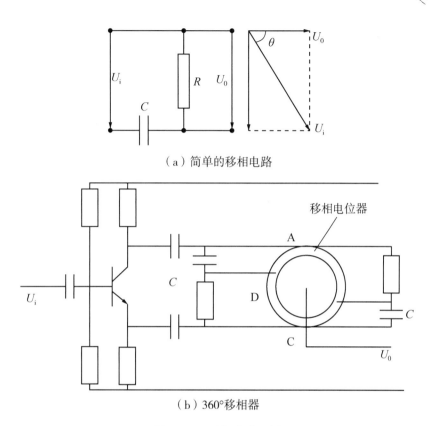

（a）简单的移相电路

（b）360°移相器

图 3 - 19　移相电路示例

图 3 - 20 为不平衡电桥电路示意图。

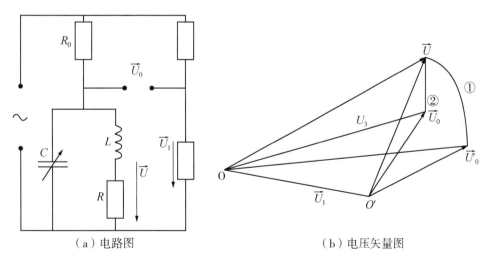

（a）电路图　　　　　　　　　　　（b）电压矢量图

图 3 - 20　不平衡电桥电路

在使用放置式探头的涡流检测中，被检试件和检测线圈之间的距离变化对线圈阻抗产生的影响称为提离效应。提离效应引起线圈阻抗的变化往往大于裂纹或电导率改变对线圈阻抗的影响，若不加以抑制，则检测难以正确进行。

在涡流检测仪中常用的抑制提离效应的方法主要有谐振电路法和不平衡电桥法。

谐振电路法的依据是欧姆定律，如图 3 - 21 所示，在 LC 串联电路中，电容 C 上的电压大小 U_0 和电路中流过的电流成正比。当电流处于谐振时，电路中的电流幅值大小仅与电路的电阻有关。如果检测线圈与被检试件表面之间的距离有变化，即有提离效应存在，相当于电路中的感抗（ωL）发生变化，电路中的电流将发生改变，破坏了原来的谐振状态。调节与检测线圈串联的电容 C，使电路产生串联谐振（电容 C 和线圈阻抗中的感抗 L 处于谐振状态），就可以抑制提离效应的影响。

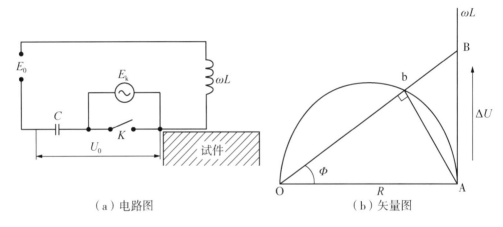

（a）电路图　　　　　　　　（b）矢量图

图 3 - 21　谐振电路法工作原理

当检测线圈与被检试件表面之间有提离效应出现时，线圈阻抗的变化方向与缺陷（如裂纹）效应等引起的阻抗变化方向不同，与缺陷相对应的电压变化数值较大，从而可以抑制提离效应的干扰，有效拾取裂纹等引起的有用信息。

3. 频率分析法

频率分析法是根据检测信号中干扰信号与缺陷信号的频率差异来实现对干扰信号的抑制和提取缺陷信号的一种信号处理方法。干扰信号包括如试件外形尺寸变化、电导率不均匀等产生的信号。

在涡流检测时，被检试件与检测线圈之间有相对运动，因此检测线圈上产生的感应电压信号带有一定的调制频率，例如裂纹出现的信号比较短促，能产生较高频率的调幅波，而由成形工艺（校直、辗轧等）残留在试件中的剩余内应力产生的是周期性的中等频率的调幅波，属于干扰信号。频率分析法主要通过滤波器来滤除各种干扰因素的影响。它是采用合适的滤波器，只让某一频率或某一频率范围的信号通过，从而将干扰信号的频率滤除。

滤波器是能使某频率范围的信号较顺利地通过，而使该频率范围以外的信号受到较大衰减的装置。滤波器通常采用 RC 电路，根据滤波的频率范围可分为高通滤波器、低通滤波器和带通滤波器。

①高通滤波器：只允许某一频率及该频率以上的高频信号通过而阻碍该频率以下的低频信号通过的滤波器。

②低通滤波器：只允许某一频率及该频率以下的低频信号通过而阻碍该频率以上的高频信号通过的滤波器。

③带通滤波器：把高通滤波器、低通滤波器连接起来形成只允许一定频率范围的信号通过的滤波器。

涡流检测仪器的滤波功能除了可以利用硬件来实现之外，也可以用软件的方法即数字滤波程序来实现。现代涡流检测仪器通常采用软件、硬件结合的综合滤波方法，以达到更好地提高信噪比的目的。

在涡流检测的实际数据分析过程中，要注意谨慎使用滤波功能，如果参数设置不当，将有可能导致数据中的部分特征信息丢失，从而影响检测结果的正确判断。

4. 振幅分析法（亦称幅度鉴别法）

振幅分析法是根据检测信号中干扰信号与缺陷信号的幅度差异实现对干扰信号的抑制和提取缺陷信号的一种信号处理方法。

振幅分析法通常利用幅度鉴别器（亦称限幅器、拒斥器），通过门槛触发电路预置一个鉴别电平，抑制幅度低于缺陷信号的干扰信号，从而改善缺陷信号的信噪比，有利于对缺陷信号的观察和分析，提高检测结果判断的准确性。在涡流检测的实际应用中，通常是将缺陷信号与作为参考基准的标准检测信号加以比较，拾取的检测信号幅度低于标准检测信号幅度的按合格品处理，高于标准检测信号幅度的则按不合格品处理。

图 3 - 22 为幅度鉴别抑制干扰的示意图。

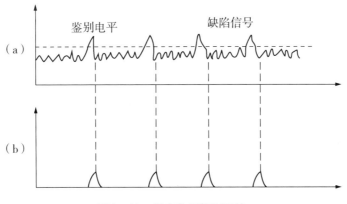

图 3 - 22　幅度鉴别抑制干扰

5. 残余电压补偿电路

涡流检测仪采用差动电路（由 2 个反相连接的线圈组成，称为差动检测）作为信号检出电路时，由于两个检测线圈不可能做到严格对称，当检测线圈空载或被检试件无差异（物理性能相同且无缺陷）时，这种反相连接的线圈仍然还有微弱的残余电压（或称不平衡电压）输出，从而对检测信号的判别造成干扰。因此，在采用差动线圈作为信

号检出电路的涡流检测仪中，通常都装有消除残余电压干扰的补偿器。

早期常用的残余电压补偿器需要操作人员手工调节，操作复杂，检测精度也不高，不利于提高检测速度和自动化程度。随着电子技术的发展，现代涡流检测仪器中已经采用了多种形式的自动平衡调节装置来消除残余电压干扰，实现自动平衡调节。

图 3 - 23 为残余电压补偿器工作原理图，图 3 - 24 为自动平衡调零原理和波形图。

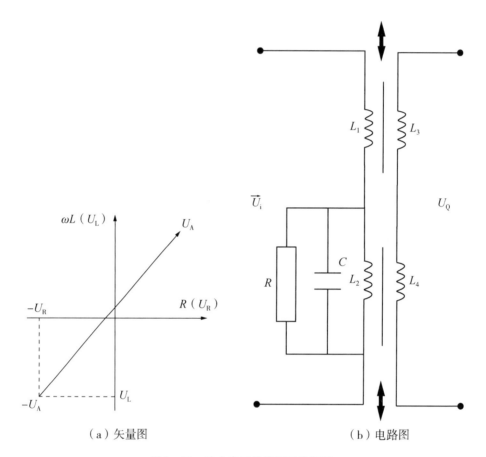

（a）矢量图　　　　　　　　　　　　　　　（b）电路图

图 3 - 23　残余电压补偿器工作原理

6. 相位放大器

检测信号的相位和幅度是涡流检测中的两个基本要素。涡流信号的相位角大小与检测频率的平方根值成正比，即频率越低，相位角越小，检测灵敏度也越低。

在涡流检测技术应用中，为了增强涡流的透入能力，往往需要采用低频激励，一般可低至数百赫兹，甚至数十赫兹，然而检测线圈的感应电压和激励信号间的相位差又是获取信息的重要依据，要提高涡流检测的灵敏度，就有必要对相位进行放大（增大相位角以便于识别）。现代涡流检测仪器已经采用数字电路结合软件的方法来实现相位放大的功能。

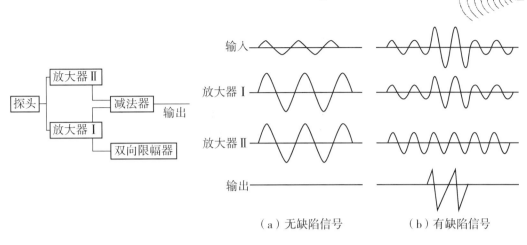

（a）无缺陷信号　　　　　（b）有缺陷信号

图 3 - 24　自动平衡调零原理和波形图

3.2.3　显示器

涡流检测系统的显示器的功能是显示经过放大和处理后的检测信号，提供给检测人员观察分析，从而得到检测结果。

显示器的类型主要有指针式电表、数字显示器、示波管显示器等。

1. 指针式电表

指针式电表的体积小、重量轻，只需要输入一个微小的信号（例如 μV 级电压表）就能驱动电表的指针偏转，不需要复杂的辅助电路，因而在便携式的小型涡流检测仪器中得到广泛的应用。

2. 数字显示器

涡流检测线圈拾取的信号与被检试件的待检因素之间是非线性关系，采用指针式电表往往需要利用非线性的指示刻度来显示检测结果，不仅增加了涡流检测仪器指示标定的困难，而且影响检测结果的直接读数准确性，降低了检测精度。因此，数字显示器已在现代涡流检测系统中得到了广泛应用。数字显示电路一般由非线性校正、A/D 转换器和数字显示部件（例如数码管、液晶显示屏）组成。

3. 示波管显示器

示波管显示器（示波管亦称阴极射线管，CRT）是过去在涡流检测系统中普遍采用的一种显示部件，目前多已经被液晶显示器（LCD）代替。

示波管显示涡流检测信号的方法主要有：

（1）椭圆显示

通过移相器将振荡信号的相位调到直径变化方向上，就可以利用示波管荧光屏上显示的椭圆图形进行裂纹效应的分析，椭圆的开口度与裂纹效应相应，而与直径变化无关，类似的也可以进行直径效应或电导率效应分析（见图 3 - 25 和图 3 - 26）。

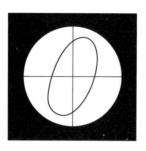

图 3 - 25　荧光屏上显示的椭圆图形

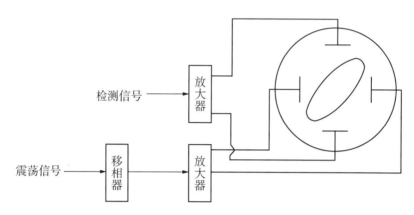

图 3 - 26　椭圆显示的原理

（2）正弦波显示

利用荧光屏上的正弦波显示对影响检测线圈阻抗的各种因素进行相位分析（见图 3 - 27 和图 3 - 28）。

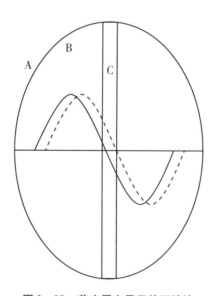

图 3 - 27　荧光屏上显示的正弦波

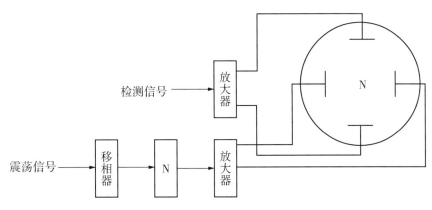

图3 - 28　正弦显示电路

（3）矢量点显示

利用补偿器来消除差动电路中的残余电压（或称不平衡电压）（见图3 - 29和图3 - 30）。

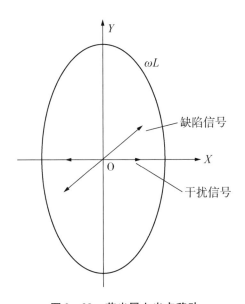

图3 - 29　荧光屏上光点移动

3.2.4　记录装置

涡流检测时，需要将检测结果记录下来，然后进行分析判断。检测设备不同，对记录装置的要求也不一样。对于以显示信号幅度为主的涡流探伤仪来说，一般需用2通道的记录仪，以分别记录 x 分量和 y 分量；对于某些在役检测的多频涡流检测仪，则需要多通道（例如4通道、8通道）记录仪。记录装置的类型除了纸带记录仪外，有时也用磁带记录仪。

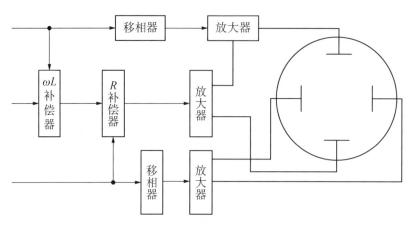

图 3 - 30　矢量光点显示电路

　　目前，把先进的计算机技术应用于涡流检测仪后，可以有多种记录形式，如磁盘、磁带机、光盘、U 盘等，都已经得到大量应用，不仅能记录下多通道的缺陷信号，还能针对不同检测任务（如检测不同试件）的合适检测参数（采用的激励频率、磁场强度、增益、相位等）分别赋予文件名存储在仪器内，以方便现场检测的需要随时调用。

3.3　涡流检测仪器的新发展

3.3.1　涡流检测设备的智能化

　　涡流检测虽然具有许多其他无损检测技术所不具备的特点，但其各种检测参数的设定、检测结果的分析处理等是一项比较烦琐的工作，需要具有较高知识层次的无损检测专业技术人员才能胜任，这使得涡流检测技术的应用和推广受到一定的影响。涡流检测的智能化是解决这一问题的有效方法。

　　智能涡流检测系统的结构如图 3 - 31 所示，系统的功能及其特点如下：

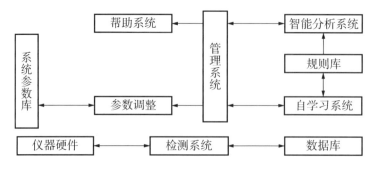

图 3 - 31　智能涡流检测系统结构

1. 管理系统

管理系统是智能涡流检测系统的核心部分，负责系统中各个子系统之间的协调控制和调度。

智能涡流检测系统应具有友好的人机对话界面，采用基于被检试件驱动的中枢用户接口管理系统进行多进程通信，用户只需在自然语言环境下向系统输入检测任务及逻辑信息，而无须详细了解系统的具体结构和软件设计。这种系统可自主完成用户指定涡流检测任务的参数设置与调整、检测信号的分析处理及特征参数的提取，并利用规则库中的专家知识进行涡流检测的无损评价。

2. 智能分析系统

智能分析系统是智能涡流检测系统完成涡流检测无损评价的软件包，其中包含信号的时域分析、频谱分析、人工神经网络分析、平面阻抗分析、三维图像分析等多种信号分析处理程序，具有多种推理模式的智能推理机。

3. 自学习系统

自学习功能是智能涡流检测系统的一个重要方面。它可以在检测、评价的实际工作中不断完善和充实自己的知识库，不断提高系统的检测灵敏度和无损评价的准确度。

4. 检测系统

检测系统是直接驱动仪器硬件系统完成信号采集、转换与储存的软件系统，它可根据不同的检测任务，采用最佳的控制参数和控制程序实施涡流检测，并实现检查结果的显示报警、打标记及分选等控制。

5. 帮助系统

帮助系统指导用户正确操作智能涡流检测系统，包括探头的正确安装、信号线的连接、各种外部设备的安装与使用等。

6. 数据库

智能涡流检测系统功能的强弱在很大程度上取决于系统数据库的容量和推理机制，数据库的结构及其数据表达方式对系统的功能也起着直接的制约作用。

计算机技术的迅速发展，特别是微型计算机的出现及其在各个领域的广泛应用，使涡流检测技术的智能化从理论走向现实。这种与微机结合的涡流检测仪器通常被称为数字式涡流检测仪（或称智能涡流检测仪）。数字式涡流检测仪以其高精度的运算、便捷的控制和强大的逻辑判断能力代替了大量的人工劳动，减少了人为因素造成的误差，提高了检测可靠性和稳定性。涡流检测系统的智能化使涡流检测操作人员无须长时间的特别培训，无须具备太多的专业知识和经验，它能自动设定仪器频率、增益、相位、采样速率等仪器参数。

图 3 - 32 所示为涡流检测技术与计算机技术相结合的模式。

在涡流检测中，主要应用了微型计算机的数控功能、数据存储和处理功能。数控功能促进了检测仪器的自动化和多功能化，数据存储和处理功能用来处理检测拾取的数据以提高检测的可靠性和精确性。

涡流检测技术智能化的特点如下：

①增强抗干扰能力，提高信噪比。涡流检测中的噪声一般是随机的，而检测信号则

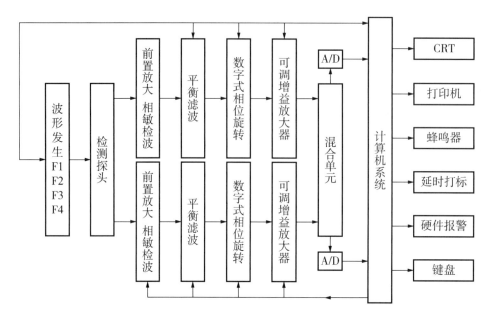

图 3-32　涡流技术与计算机技术相结合模式

是有序的，因此，数字式涡流检测仪可以通过算术平均值法、滑动平均值法（包括中值滤波）和一阶滞后滤波等程序进行相关处理以排除或抑制噪声。

②检测精度高、速度快。数字式涡流检测仪能以人们期望的检测精度对检测拾取的初始模拟信号进行高速数据采集并转换成数字信号，以便于应用计算机技术进行量化、计算和判别，其检测精度远高于传统模拟式涡流检测仪器检测的结果，并可根据预设置的程序进行高速运算，而且其计算所需的信息量远少于传统模拟式涡流检测仪器以及人工检测所需的信息量，因此检测速度明显提高。

③客观、全面地采集、存储和分析数据。数字式涡流检测仪可以对采集的数据进行实时处理和后处理，对涡流检测信号进行时域分析、频域分析或图形分析处理，以提高检测的可靠性，亦可通过模式识别，对试件的质量分级或对缺陷进行定性定量评价。

④记录和存档。数字式涡流检测仪的微机系统可存储和记录检测得到的原始信号和检测结果，甚至可将各种检测方法的检查结果存入计算机，对被检试件的质量进行自动综合评价，亦可对在役设备定期检测结果进行累积和分析处理，为材料评价和安全寿命评估提供了新的手段。

⑤可编程性。数字式涡流检测仪的性能和功能的最优化程度取决于其是否有高级软件系统的支持。

⑥数控操作。将预先编制好的操作程序存入数字式涡流检测仪内，能实现人机对话和数控操作，并可根据需要自动调整各种参变量，使仪器处于最佳检测状态。

3.3.2　数字式涡流检测仪的数控操作

数字式涡流检测仪的核心是应用计算机技术的软硬件。计算机通过总线及接口与数字式涡流检测仪各组件连接，能够实现功能选择、量程选择、数据传输和处理。

（1）键盘操作、人机对话

免除了烦琐的开关、拨盘和旋钮操作，直接利用计算机的键盘进行仪器功能和参变量的选择。

（2）数据采集

在数字式涡流检测系统中，常常进行多点多参数的数据采集，然后通过对这些数据的分析做出判断，精确地对检测系统进行监视与控制。

（3）数据传输

在数字式涡流检测系统中，经常需要把一组数据从存储器的一个地方传送到另一个地方，或从存储器的某一个地方调出数据送到显示装置的显示缓冲存储器中，以便显示等。新型的数字式涡流检测仪亦能通过无线网络将检测得到的数据传送至远方有条件进行分析处理的主机上，这种工作模式被称为"云技术"。

（4）自检测

自检测又称为自诊断功能。当按下数字式涡流检测仪键盘上的自检测键时，仪器能按事先设计好的程序进行自检测，以判断仪器是否有故障存在。

（5）检测过程自动化

在由计算机和检测仪器组成的数字式涡流检测系统中，检测指令可由硬键盘或软键盘逐一输入，也可以通过已编好的程序（例如菜单输入）在计算机的控制下实现自动化检测。

3.3.3　数字式涡流检测仪的数据处理

数字式涡流检测仪能在控制器的控制下完成各种算术或逻辑运算的数据处理。在涡流检测技术中，经常用到的数据处理功能有常规运算、消除系统误差和统计运算等。

1. 常规运算

常规运算包括偏移运算、乘法运算、比例运算和比较运算等。

（1）偏移运算：

$$R = X - \Delta$$

式中，R 为显示值，表示可从某给定值中减去一常数，X 为检测结果，Δ 为实际值，满足检测结果的绝对误差计算等。实际值可以在校验时存储在存储器内，在检测完成后进行检测结果处理时运算。这一程序比较简单，就是一般的加减法程序。

（2）乘法运算：

$$R = CX$$

式中，X 为测量值，C 为常数，R 为结果。该式表示测量值乘一常数后等于检测结果。该常数可以由操作者预先由键盘置入或在选用此程序时预先存储在存储器中。这种运算在涡流检测中有广泛的用途，例如单位换算、量纲转变、直线斜率的改变和长度（如缺陷）计算等。这个程序可以用移位相加法的乘法程序来实现。由于常数（如乘法）可能为正，也可能为负，因此必须采用带符号数的乘法程序。在进行乘法运算之前，必须对乘法和被乘数的符号进行判断，然后处理。在程序开始时，先分别用两条指令把乘数和被乘数分别送到寄存器中，再调用乘法子程序进行运算。返回主程序后，还需要用几条指令将寄存器中的结果传送到数据区（或显示存储器）。

（3）比例运算

比例运算是一个量相对于另一个量的相互关系，一般用 A：B 表示。在数学上即为 A÷B。在涡流检测中，比例运算的应用很多，例如：

①线性比例：

$$R = X/Y$$

式中，X 为测量值，Y 为可以由键盘直接输入的参考量。这是一种最简单的比例，这个程序就是简单的除法程序。

②二次方比例：

$$R = X^2/Y$$

式中，X 为测量值，Y 为可以由键盘直接输入的参考量。这个程序包括 X^2 程序及除法程序，对 X^2 的运算可采用查表法或连乘法。

③百分率：

$$(X - Z)/Y \text{ 或} \left[(X - Z)/Y \right] \times 100\%$$

式中，X 为测量值，Y 和 Z 可以是操作者确定的常数，或是实际值、标准值等，可以由键盘置入或通过标准校验后存入存储器中。这也是涡流检测中常用的一种运算方法，例如在涡流测厚仪中，可以利用这个程序来计算被测膜层厚度与标准膜层厚度之间的相对偏差值，以便直接给出膜层厚度是否合乎要求的显示。这种运算功能的程序实际上是偏移与比例两者的结合，可以通过加法、减法和除法的程序综合编制而成。

（4）比较运算

在涡流检测中，经常遇到要找出一组数据中的最大值或最小值的运算。这种运算分两种情况：一种是在所有数据中发现最大值或最小值，称为极值寻找，它可以用于检测结果的分析、误差运算中求极值误差等；另一种是预先设置最大值或最小值，对检测值与已知值进行比较，称为极值判别，它可以用于自动分选，例如涡流检测中的材质分选、厚度比较和缺陷等级分类等。

2. 误差处理

误差处理功能包括消除系统误差和消除随机误差。

（1）消除系统误差

涡流检测仪器总不可避免地会有自身误差。误差的种类和出现误差的原因有很多，其中，在一定条件下误差的数值保持恒定或按一定规律变化的称为系统误差，如电子器件老化造成的误差等。

在一个涡流检测系统中，系统误差说明了检测结果偏离真实值的程度，因而决定了检测的准确性。为了得到较高的准确性，必须消除或减小检测系统的误差。减小系统误差的方法有很多，如零值法、替代法、补偿法等。只要我们尽可能预先了解产生系统误差的原因和可能存在的规律，就可以找到减小系统误差的方法。

这里以自动校正方法来说明利用计算机消除系统误差的方法。在涡流检测仪器中，检测到的信息大多转换成电压信号，然后经过模拟电路的各种处理，最后通过电压示值来反映检测信号的大小。模拟电路部分的漂移、增益变化以及放大器失调电压的影响，都会引起系统误差，我们可以利用计算机，采用自动校准的方法来消除这些系统误差。

（2）消除随机误差（数字滤波器）

涡流检测系统在消除或减小了系统误差后，在相同的条件下检测，仍然可能出现随机误差（或称偶然误差）。随机误差是由于大量偶然因素的影响而引起的测量误差。这些偶然因素互不相关，没有规律性，因此在检测过程中，尽管检测条件不变，但是由于随机误差的存在，每次检测的结果并不一样。

一次测量的随机误差是不可预见的，也是无法消除的，但是在多次重复测量时，随机误差则是服从统一规律（如正态分布、均匀分布和离散双值分布等）的。因此，可以按照统计规律对随机误差进行处理。

消除随机误差的方法很多，主要有算术平均法、滑动平均值法、防脉冲干扰平均值法、中值法、程序判断法、一阶滞后法、重复检测法、求接近数学期望 EX 值法等。

①算术平均法。算术平均法依据的是随机误差均匀分布的统计规律，即以相等的精度检测时，涡流检测测定值的随机误差的算术平均值，应随测量次数的无限增加而趋于零。因此，多次检测的测定值的算术平均值趋于真实值，使检测结果不受随机误差的影响，也就是说减小或消除了随机误差。虽然检测的次数不可能趋于无穷大，即为有限数，但是多次测量的平均值也远比各次测定值逼近真实值的概率大。因此，把多次测量值的算术平均值称为被测量的最可信赖的值。

求算术平均值的运算程序可以通过先求和，然后再用除法程序进行除 n 的运算得到。为了消除随机误差的影响，通常只需要在计算机的控制下进行多次快速检测，然后求出测定值的算术平均值，将其作为测定值的检测结果就可以了。

②滑动平均值法。滑动平均值法采用先进先出的循环队列作为测量数据的缓冲区，每进行一次新的测量，就把测量数据插入队尾，移出队首的一个数，然后计算队列中所有数的算术平均值，将此平均值作为采样值。

在该方法中，参与运算的队列虽然遵照数据先进先出的原则，舍弃了最先进入队列的测量数据，但其结果与数据在队列中的顺序无关。因此，测量的数据不必插入队尾，通过巧妙安排，可以达到提高速度、精练程序的目的。

③防脉冲干扰平均值法。当系统采集了 N 个数据后，挑出 N 个数据中的最大值和最小值，并将其去掉，再求 $N-2$ 个数的算术平均值，并将此平均值作为当前采样值。

④中值法。连续采集 3 个数据，取其中间值作为采样值。

⑤程序判断法。程序判断法可根据具体情况将有用信号和干扰信号区别开来，包括宽度判别法和幅值判别法，其特点是程序简单。

宽度判别法是找出输入信号的上升沿后连续采样 K 次，如在 K 次后仍有信号，则认为其是真信号，否则以为其是干扰信号。

　　幅值判别法是对输入的采样信号要求在一定的幅值范围内则认为是真，大于或小于此范围都认为是干扰信号。

　　⑥一阶滞后法。此方法所取得的采样值是第 n 次采样后滤波结果的输出值。

　　⑦重复检测法。用软件冗余方法来提高涡流检测系统的信噪比，属于容错技术之一。涡流检测系统采集数据时，需要进行多次检测以判断真伪，如果多次采样的数据一致，则可认为数据为真实值，如果多次采样的数据都不一致，或者相邻两次采样的数据不一致，则可认为存在干扰信号。

　　⑧求接近数学期望 EX 值法。虽然由于干扰或其他原因使采样得到的测量数据不尽相同，具有随机波动性，但是当重复测试次数增加时，可以发现采样值常常在某一常数附近摆动。利用离散型随机变量 X 的概率分布序列得到的级数绝对收敛时为 X 的数学期望，即 EX 或 $E(X)$。在理论上，此数学期望是一个常数，不随试验结果而改变，但在实际上，由于采样点数受到限制，因此常将求接近于数学期望值 EX 的点值作为采样真实值。

　　以上介绍了几种消除随机误差的方法，也称为数学滤波方法。在这些方法中，滑动平均值法的处理速度较快，而防脉冲干扰平均值法、重复检测法和求接近数学期望 EX 值法的处理速度较慢，中值法虽然处理速度快，但是比较粗糙。只有求接近数学期望 EX 值法所得到的结果刚好等于最接近 EX 值的采样值，其他方法的结果一般都是计算出来的值。防脉冲干扰平均值法、重复检测法以及求接近数学期望 EX 值法都有较高的精度。

3. 频谱分析

　　根据离散傅里叶变换原理，对涡流响应信号抽样，并利用计算机进行傅里叶变换，可获得主频分量及高次谐波分量的矢量。实时监测这些矢量能获得更多有关缺陷和材质方面的信息，从而提高对被检试件缺陷或理化性能的分辨能力，拓宽涡流检测技术的应用范围。

　　例如，某些材料的表面硬度和涡流响应信号三次谐波有近似线性关系，对该三次谐波的分析要比分析主频信号更为直观、准确。又如，铁磁性材料具有"磁滞"特性，用正弦波激励时，将产生丰富的二次谐波，包含在该谐波中的缺陷信号比主频信号更容易分析处理。

4. 主频涡流扫描成像

　　缺陷信息的提取是涡流检测的重要技术内容，现代涡流检测仪器的检测信息显示正朝着直观、准确、有效的涡流扫描成像方向发展。

　　主频涡流扫描成像系统由扫描涡流传感器和计算机组成。系统的扫描机械装置（扫描架）控制主频涡流传感器在被检试件表面进行定向、定位移动，通过扫描检测获取缺陷的涡流信号。结合传统的阻抗分析技术，用计算机对缺陷进行定性、定量分析，最终在显示屏上形成三维的伪彩色缺陷图像，用不同的颜色表示缺陷的深度。

5. 组态分析

　　采用自动化涡流检测时，必须首先确定报警域。由于被检试件材料电磁特性具有离散特性，同类金属材料在相同的检测条件下，涡流信号在阻抗平面图上的映射呈二维正态分布（二维高斯分布）。引入计算机技术可以使报警域根据统计规律设置为选择度可调的椭圆分选域，从而克服需要上下报警线的缺点，降低自动检测过程中的错检率和误检率。

3.3.4　涡流检测技术与设备的新发展

"工欲善其事，必先利其器"，性能可靠的涡流检测设备是实现有效涡流检测的前提，而先进的涡流检测技术则大大扩展了涡流无损评价和检测的应用范围。近年来，国内外的涡流检测技术在开发应用方面取得了突破性进展，例如：

检测技术方面，由较为单一的涡流检测方法发展为多种涡流检测手段并用，同时综合其他信息技术，如出现了多频涡流检测、远场涡流检测、脉冲涡流检测、低频涡流检测等新型涡流检测技术。

硬件方面，由于应用了超大规模集成电路而大大缩小了涡流检测仪器的体积和功耗。

软件方面，随着计算机技术与硬件性能的大幅度提高，涡流检测仪器的智能化水平有了很大提高，从而降低了对涡流检测仪器使用者操作技能的要求。

新型多功能检测设备的研发获得很大进展，例如出现了综合涡流检测、金属磁记忆检测、漏磁检测、低频涡流检测、远场涡流检测等多种电磁检测方法为一体的检测设备，可对被检试件进行较为全面的检测；出现了结合视频功能的视频涡流检测系统，该检测系统由涡流检测仪器和探头组成，探头为涡流传感器与工业内窥镜探头一体化，同时获取涡流传感器检测的电磁信号和光电传感器传送的视频信号，经高速数字化处理后，能够实时显示检测过程，同时检测被检试件表面和近表面的缺陷；出现了涡流检测－超声检测一体化的检测设备；此外，还有将数字电子技术和微处理机技术集于一体的数字化、多功能、便携式涡流检测设备，如已经出现小至手机大小并且能够无线发送检测结果、卫星定位仪器所在位置的涡流检测仪；具有涡流阻抗平面图显示、较宽的频率检测范围，且功耗微小，可用于金属材料的探伤、镀层测厚和电导率测量的掌上型涡流检测设备等。

3.4　涡流检测线圈

在涡流检测中，被检试件的质量情况是通过涡流检测传感器上的变化反映出来的。对磁场变化敏感的元件，如线圈、霍耳元件、磁敏二极管等都可被用作涡流检测的传感器，但是目前用得最多的是检测线圈（俗称涡流探头）。

涡流检测线圈与霍尔元件、磁敏二极管的共同点是具有将磁场信号转换成电信号的功能，但是霍尔元件和磁敏二极管没有激励产生磁场的作用，而涡流检测线圈能够产生交变磁场激励与其接近的导电体产生涡流，再将涡流产生的感应磁场转换为电信号输送给涡流检测仪器，达到检测的目的。

采用检测线圈作为涡流检测传感器的主要优点是：

①一个涡流检测线圈可以同时具备激励和拾取信号（检测）两种功能，也可以分别采用激励线圈和检测线圈，激励线圈用于在被检试件上产生涡流，检测线圈则用于拾取信号。在涡流检测技术中，通常把激励线圈和检测线圈统称为检测线圈。

②在涡流检测技术应用中，根据被检试件的外形结构、尺寸和检测目的，可以设计制作各种不同的涡流检测线圈适应不同检测对象以满足检测要求。

③涡流检测线圈自身受温度影响较小，可适用于高温条件下的检测。

在涡流检测中，首先给检测线圈通以一定频率的交流电作为激励源，以建立交变电磁场，电流波形可以是正弦波、方波、脉冲波等，采用的频率可以是单频、双频、多频等，交变电磁场作用到邻近的被检试件上时，将因电磁感应而在被检试件上感生出涡流。被检试件中的涡流也会产生相应的磁场，并影响检测线圈的原磁场，导致检测线圈的电压和阻抗发生改变。

当被检试件材质均匀、没有缺陷时，涡流的强度和分布是基本均匀的，被检试件中的涡流磁场对检测线圈原磁场的影响相对也是固定的。当检测线圈移动到被检试件上存在表面或近表面缺陷或其他性质（例如局部电导率或磁导率）变化的位置时，该处的涡流强度和分布将发生变化，并引起检测线圈的电压和阻抗发生变化。通过涡流检测仪器检出这种电压或阻抗的变化，就可以获得反映被检试件各种特性的信号，从而可以间接地发现被检试件上存在的缺陷或其他性质的变化。

由于被检试件的状况不同、受检部位不同，检测线圈接近被检试件的方法也不尽相同。根据检测目的和检测对象的不同，适应各种检测需要的检测线圈外观形状和内观结构也各不相同，类型繁多。但是不管什么类型的检测线圈，其结构总是由激励绕组、检测绕组及其支架和外壳组成，有些还需要加入磁芯（铁氧体）以增加磁场强度。

涡流检测线圈的功能：

①激励功能，即能建立一个具有一定频率或一定频率范围的交变电磁场，在被检试件中产生涡流。

②检测功能，即获取与被检试件质量情况相关的信号并把信号传送给涡流检测仪器进行分析评价。

③抗干扰的功能，即具有抑制与检测目的不相关的各种信号（干扰信号）的功能，例如涡流探伤时要抑制被检试件直径、壁厚变化引起的信号，而测量被检试件壁厚时，要求抑制试件表面伤痕引起的信号等。

涡流检测线圈的形状、尺寸和技术参数对于涡流检测获得最终结果的可靠性与置信度是至关重要的。在涡流检测中，通常都需要根据检测对象（被检试件的形状、尺寸、材质）和检测目的（质量要求或检测标准）等来选定、定制或者自行设计制作不同的检测线圈。

3.4.1 涡流检测线圈的分类

涡流检测通常依据检测线圈的应用形式来进行涡流检测方法的分类，主要有以下几种：

1. **按涡流检测线圈（探头）应用方式（检测线圈和被检试件的相对位置）分类**

（1）外通过式线圈法（又称外探头、外径线圈及外通过式线圈）

圆环形线圈或线圈组件环绕在被检试件外，试件与线圈相对移动，试件非接触地通过线圈进行检测。这种检测方法适用于形状规则、能够均匀稳定地从线圈内部通过的试件，主要用于小直径、圆截面的管材、棒材、丝材、球体、滚柱以及一些异形管、棒材等，容易实现大批量的在线高速自动化检测，检测效率高。

图 3 – 33（b）所示为外通过式线圈原理。

图 3 – 34 所示为外通过式涡流探头实物照片。

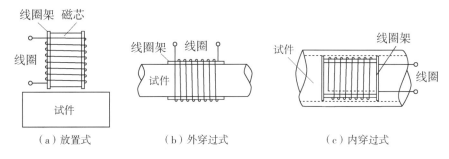

（a）放置式 　　　　（b）外穿过式 　　　　（c）内穿过式

图 3 – 33　涡流检测线圈类型

（a）爱德森（厦门）电子有限公司的 　　　　（b）厦门涡流检测技术研究所的
　　　外通过式涡流探头 　　　　　　　　　　　　外通过式涡流探头

图 3 – 34　外通过式涡流探头实物照片

在检测过程中，检测线圈轴线与被检试件纵向表面平行，线圈产生电磁场的作用范围为环状区域，在被检试件表层感应产生的涡流沿试件的周向流动，对试件上纵向延伸的缺陷响应较敏感。

外通过式线圈产生的磁场首先作用在被检试件的外表面，因此检出外表面和近外表面缺陷的效果较好，而对管材等空心试件内表面缺陷的检测则是利用磁场的渗透力进行的。一般来说，外通过式线圈对空心试件内表面缺陷的检测灵敏度比外表面低，厚壁管材的内表面缺陷则无法使用外通过式线圈来检测。

（2）内通过式线圈法（又称内插探头式线圈、内穿式线圈、插入式或内插式探头、内探头、内径探头或内壁探头）

将圆环形线圈或线圈组件插入被检试件内孔或者管材内部，试件与线圈相对移动，线圈非接触地通过试件内孔进行检测。这种检测方法适合检测试件的内表面和近内表面缺陷，适用于检测形状规则的内孔，例如管材或管道、大型试件的深孔内壁、厚壁管子内壁或钻孔内壁等。内通过式线圈在检查成套设备中的管子质量，如锅炉的热交换器管、中央空调机的冷凝器管道（钛管、铜管等）的在役检测等方面得到广泛的应用。

图 3 – 33（c）所示为内通过式线圈原理。

图 3 – 35 所示为内通过式涡流探头实物照片。

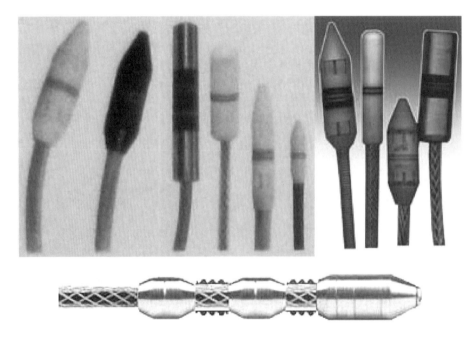

图 3 – 35　爱德森（厦门）电子有限公司的内通过式涡流探头实物照片

用内通过式线圈法检测时，通过一根电缆线或驱动杆用手工将探头插入管内、孔内，或者使用专用的推拔器将探头插入管内、孔内，然后匀速拉出，或者利用压缩空气压入将探头插入管内、孔内，再从管内或孔内匀速拉出电缆线或驱动杆来带出探头等。在检测过程中，线圈轴线与被检试件内壁纵向表面平行，线圈电磁场的作用范围为环状区域，在被检试件内壁表层感应产生的涡流沿试件的周向流动，对试件上纵向延伸的缺陷响应较敏感。此外，也有特殊内通过式探头采用线圈轴线与被检试件内壁表面垂直的方式进行检测，线圈激励产生的磁场主要与试件周向垂直，这种方式有利于检测试件上周向延伸的缺陷。

内通过式线圈产生的磁场首先作用于试件内壁表面，因此检出内壁表面和近内壁表面缺陷的效果较好，而对管材等空心试件外表面缺陷的检测则是利用磁场的渗透力进行的，一般来说，内通过式线圈法对空心试件外表面缺陷的检测灵敏度比内表面低，厚壁管材的外表面缺陷则无法使用内通过式线圈来检测。

（3）放置式线圈法（又称放置式探头、点式线圈、探头式线圈、表面线圈、平底线圈或扁平线圈等）

放置式线圈法是把检测线圈置于被检试件表面上，利用试件上的涡流变化对线圈阻抗产生的影响进行检测。

放置式线圈法的特点是：放置式线圈的体积小、磁场作用范围小，为了增强磁场强度，线圈内部一般带有铁氧体磁芯，能产生磁场聚焦。因此，放置式线圈对尺寸较小的表面缺陷具有较高的检测灵敏度。

放置式线圈的检测范围为尺寸较小的点状区域。在检测过程中，线圈轴线垂直于被检试件表面，在试件表层感应产生的涡流呈圆形，对缺陷方向的响应敏感度低，亦即受裂纹取向的影响小，这是它突出的优点。

放置式线圈可根据其用途和结构方式分为平面探头（在被检试件平表面上放置）、笔式直探头（多用于插入内孔，例如螺栓孔、铆钉孔等，亦称插入式探头、孔探头）、球头探头（可用于插入被检试件上的凹圆弧位置）、弯头探头（可用于检测被检试件上的沟槽部位，亦称钩式探头）等多种类型，以便满足不同试件部位的检测需要。

放置式线圈法是探测试件表面常用的方法，它不仅适用于形状简单的板材、带材、方坯、大直径棒材及管材的表面扫描探伤，也适用于形状较为复杂的机械零件的表面或内表面的局部检测，还可组合制成嵌入式环形旋转探头用于圆形横截面试件的外通过式检测（适合同时检测纵向与周向缺陷），检测材料电导率、涂层厚度等一般也都采用放置式线圈。由于放置式线圈体积小，一次检测范围较小，因此检测效率较低，这是它的主要缺点。

图 3-33（a）所示为放置式线圈原理。

图 3-36 和图 3-37 所示为部分放置式探头实物照片。

2. 按信号比较方式对涡流检测线圈分类

所谓比较方式是指涡流检测信号的比较方式，这种方式与检测线圈在涡流检测仪器中的电路连接方式、检测线圈自身的绕制方式都有密切关系。比较方式可分为绝对式、他比差动式、自比差动式。

（1）绝对式线圈

绝对式线圈可以只有一个线圈，这个线圈同时承担激励和检测功能，也可以由一个激励线圈（一次线圈）和一个检测线圈（二次线圈）构成。绝对式线圈的功能特点是可以在没有标准试件可供直接参考及比较的情况下，直接测量线圈阻抗的变化。

用绝对式线圈检测时，可将符合技术条件要求的试件作为标准试件放入线圈（外穿过式线圈或内通过式线圈），或者把放置式检测线圈放置在标准试件上，调整涡流检测仪器，使信号输出为零，然后再将被检试件放入线圈（外穿过式线圈或内通过式线

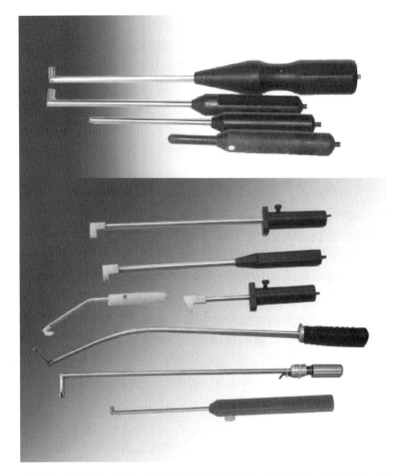

图 3 – 36   爱德森（厦门）电子有限公司的部分笔式探头（孔探头）、弯头探头（钩式探头）

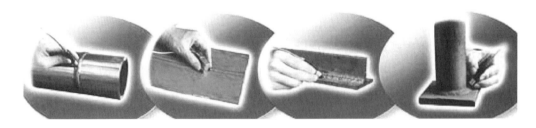

图 3 – 37   厦门涡流检测技术研究所的焊缝探伤用放置式探头

圈），或者把放置式检测线圈放置在被检试件上，如果涡流检测仪器仍无信号输出，表示被检试件与标准试件的有关参数相同，如果有信号输出，则按照检测目的不同，分别判断引起检测线圈阻抗变化的原因是裂纹还是其他因素。

绝对式线圈法一般用于针对被检对象某一位置的电磁特性直接进行检测，由于只有一个检测线圈，对被检对象的材质（如电阻率、磁导率）、形状、尺寸以及缺陷等的突变或缓变均能产生响应，但是受温度漂移变化、探头颤动、外界电磁干扰等环境条件的影响也较为明显。绝对式线圈法通常用于测量电导率、磁导率、被检试件的尺寸和硬度，材质的分选和涂镀层测厚，也可用于探伤。

（2）他比式线圈（又称标准比较式线圈、他比差动式线圈）

他比式线圈是用两个线圈反向连接成为差动形式，一个作为比较线圈放在作为标准的参考试件上（与被检试件具有相同材质、形状、尺寸且质量完好），另一个放在被检试件上，通过比较两个线圈分别作用于被检试件和标准参考试件时产生的电磁感应差异来进行检测评价。

由于这两个线圈接成了差动形式，线圈输出信号是标准参考试件与被检试件的所有差异，当标准参考试件与被检试件的电磁特性相同时，信号抵消，没有信号输出，如果被检试件的质量不同于标准参考试件（如存在裂纹）时，检测线圈就有信号输出，从而实现对试件的检测目的。

他比式线圈同样容易受到试件材质、形状及尺寸的影响，对于试件（例如管材、棒材）沿轧制方向从头到尾深度相等的裂纹都易于检出，具有能够发现外形尺寸、化学成分缓慢变化的特点，因此常把它与自比式线圈组合使用，可以弥补自比式线圈的不足。

（3）自比式线圈（又称自比较式线圈、自比差动式线圈、差动式线圈、邻近比较式线圈）

自比式线圈通常具有一个激励线圈（一次线圈）和两个检测线圈（二次线圈，相对反向连接成为差动形式）。两个检测线圈相邻安置很近，采用同一被检试件的不同部分作为比较标准，针对被检试件相邻两处位置电磁特性差异的比较来进行检测。

同时对同一试件相邻部位进行检测时，该检测部位的物理性能及几何参数变化通常应该是比较小的，对检测线圈阻抗影响也比较微弱。如果再将两个检测线圈差动连接，则这种微小变化的影响便几乎被抵消掉了。如果试件上存在缺陷，当检测线圈经过缺陷时将输出相应急剧变化的信号（产生一个不平衡的缺陷信号），而且第一个检测线圈或第二个检测线圈分别经过同一缺陷时，形成的涡流信号方向相反。

自比式线圈的特点是对温度漂移变化和探头颤动不敏感，同时对被检试件材质和形状的缓慢、不明显变化也不太敏感，例如管材壁厚逐渐减薄的变化、直径或电导率的逐渐变化等，只有在两个线圈不平衡时，才会产生输出信号，标志出缺陷的突然变化。因此，自比式线圈易于检出裂纹、凹坑和凸起边缘的小缺陷等，有利于抑制由于环境温度、试件外形尺寸等缓慢变化引起的线圈阻抗变化，但要注意有可能漏检长度较大的缓变缺陷。

在涡流检测仪器的电路中，最常用的是把涡流检测线圈接成各种与频率可变的激励电源相连的交流电桥形式，把两个检测线圈分别设置在电桥的相邻桥臂上，如果涡流探头仅有一个检测线圈和一个参考线圈，那它就是绝对式探头，如果探头的两个线圈相对反向连接，同时对所要探伤的材料进行检测，则属于差动探头。

被检试件的表面和近表面缺陷的检测（例如零件检测）一般采用绝对式探头，而对管材和棒材等型材的检测，则绝对式探头和自比式探头都可采用。

图 3-38 所示为绝对式、他比式和自比式检测线圈的接线方式。

图 3-39 所示为差动式探头和绝对式探头的特性及其应用示例。

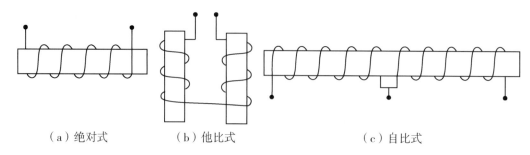

（a）绝对式　　　　（b）他比式　　　　（c）自比式

图 3-38　绝对式、他比式和自比式检测线圈的接线方式

管材的短小缺陷、周向缺陷宜用自比式探头检测
管材的轴向缺陷宜用绝对式或他比式探头检测

轴向缺陷（如长通伤、缓变伤、壁厚逐渐减薄、偏芯等）

周向缺陷（如周向裂纹）

短小缺陷（如点状腐蚀）

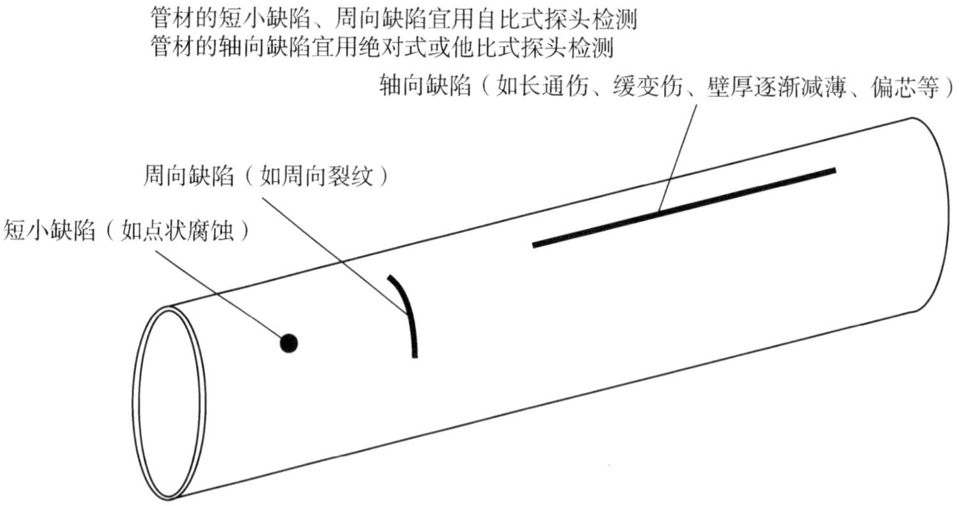

图 3-39　自比式探头和绝对式探头的特性及其应用示例

3. 按感应方式对涡流检测线圈分类

这也是按涡流检测线圈输出信号的不同进行的分类。

（1）自感式线圈（又称参量式线圈）

自感式线圈由单个线圈构成，既是产生激励磁场在被检试件中形成涡流的线圈（激励线圈），同时又是感应、接收被检试件涡流磁场信号的线圈（检测线圈），线圈输出的信号能反映线圈阻抗的变化。

自感式线圈绕制方便，对多种影响被检对象电磁性能因素的综合效应响应灵敏，但也因为激励、检测二者合一，对其中某单一影响因素作用的效应难以区分，因此通常只适用于管、棒、线材直径变化的检测。

（2）互感式线圈（又称变压器式线圈）

互感式线圈一般由两个或两组线圈组成，一个线圈专用于产生激励磁场在被检试件中形成涡流（即激励线圈，称为一次线圈、初级线圈），另一个线圈专用作感应、接收被检试件中的涡流磁场信号（即检测线圈，称为二次线圈、次级线圈），检测线圈输出的信号是线圈上的感应电压信号。

互感式线圈的特点是激励线圈和检测线圈相互独立，对不同影响因素响应信号的提取和处理比较方便，但是激励线圈和检测线圈之间需要加以静电屏蔽，以减少静电感应引起的噪声和保障工作性能的稳定。

图3-40为自感式线圈和互感式线圈的基本形式。

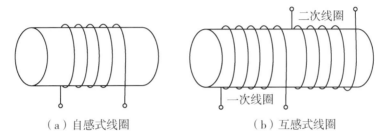

（a）自感式线圈　　　　　　　（b）互感式线圈

图3-40　自感式线圈和互感式线圈的基本形式

3.4.2　检测线圈的信号检出电路

在涡流检测线圈的输出信号中，反映待测信息的是线圈感应电压的变化量，也就是线圈变化的阻抗量。

图3-41为线圈阻抗曲线及输出电压矢量图，U_1为检测线圈置于标准试件上的感应电压（即线圈阻抗OC），U_2为被检试件某待测因素影响线圈的感应电压，ΔU为变化量（即线圈阻抗的变化量BC）。在实际检测中，由待测因素决定的检测线圈感应电压变化量ΔU与线圈感应电压U_1（或U_2）相比要小得多，通常为$10^{-3} \sim 10^{-2}$数量级。因此，在涡流检测仪中，为了显示待测因素的检测结果，一般都需要把ΔU加以放大。如

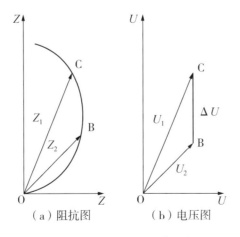

（a）阻抗图　　　　　　　　（b）电压图

图3-41　检测线圈阻抗和电压的变化

果同时把 ΔU 和 U_1 一起输入放大器的输入端，由于 ΔU 和 U_1 相差很大，受放大器动态范围的局限，放大器的输出会产生严重失真，从而得不到正确的检测结果。为了解决这一问题，需要进一步改进检测线圈的输入信号，即采用各种电路，在检测线圈输出信号时，让固定分量 U_1 在电路中自动平衡抵消，仅仅保留并输出电压变化量 ΔU，这样就能满足放大器动态范围的要求，不失真地把 ΔU 放大到所需要的程度。

检测线圈输出信号的检出电路一般采用差动电路或电桥电路形式。

在涡流探伤仪中，差动电路一般采用的信号处理方式有电差式和磁差式两种，如图 3－42 所示。

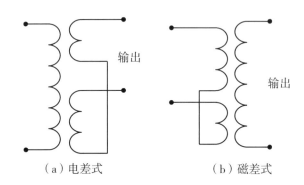

（a）电差式　　　　　　　（b）磁差式

图 3－42　差动电路

电差式的差动电路由一个激励线圈和两个反向连接的检测线圈组成。激励线圈在被检试件中感生涡流，当试件中没有缺陷时，由于两个线圈反向连接，感应电压互相抵消，没有输出，一旦试件中有缺陷存在，检测线圈中的感应电压便发生变化，从而有信号输出。

磁差式的差动电路与电差式不同，它由两个反向连接的激励线圈和一个检测线圈组成。当被检试件中没有缺陷时，反向连接的激励线圈在试件中感应的磁场互相抵消，因而在检测线圈中不会有感应电压产生（或者说产生的感应电压正好平衡抵消）。如果试件中有缺陷存在，激励线圈在试件中产生的磁场就会发生畸变，从而在检测线圈中有感应电压产生。

差动电路既可以采用他比式，也可以采用自比式，如图 3－43 所示。

差动电路的灵敏度主要取决于检测线圈性能的好坏，因此，对用于差动式检测线圈一般都有比较高的性能指标和工艺要求。

电桥电路是涡流检测仪常用的另一种信号检出电路。图 3－44 为普通电桥电路，电桥的一个对角连接激励电源 E，另一个对角连接电压指示器 U，电桥处于平衡状态时，电压指示器 U 的指针不摆动。当检测线圈在被检试件上检测到有缺陷存在或者局部电导率变化、磁导率变化等时，平衡状态被破坏，电压指示器 U 的指针将发生偏转而指示出变化的存在。

电桥电路可以采用的形式有很多种，如图 3－45 所示。一般按使用方式分为两类：自感式（如图 3－45 的 a 和 b）和互感式（如图 3－45 的 c 和 d）。

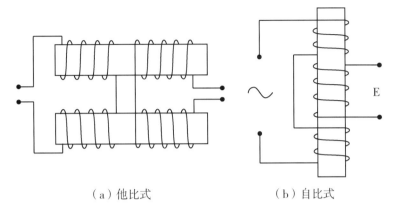

（a）他比式　　　　　（b）自比式

图 3-43　差动电路的使用方式

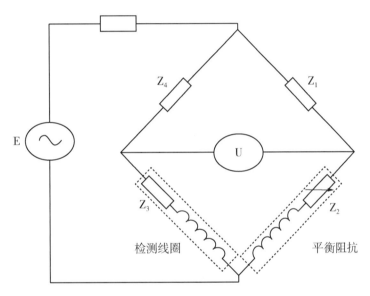

图 3-44　普通电桥电路

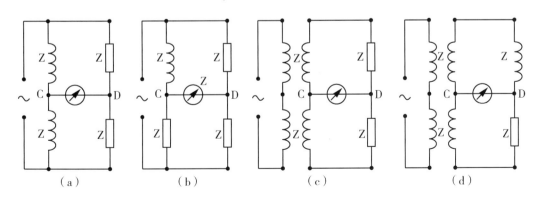

（a）　　　　　（b）　　　　　（c）　　　　　（d）

图 3-45　几种常用电桥电路

电桥电路通常采用四臂电桥。电桥电路的灵敏度与线圈阻抗变化率、桥臂系数及激励电源电压有关。理论上，随着激励电源电压升高，电桥电路的灵敏度会提高，但是实际上采用的电压要适中，如果激励电压过高，不仅调整困难，而且容易使线圈发热而产生许多干扰杂波，甚至会使线圈中的磁芯形成磁饱和，反而降低了线圈的检测灵敏度。

实例 3-1：钛合金冷凝器管的涡流检测

如图 3-46 所示，该钛合金冷凝器管外表面有间断式管外鳍片，管内有来复线，这种结构能大大增加热辐射面积，提高热交换效率。在该钛合金冷凝器管的在役使用中，发现管体出现环向裂纹和内壁纵向裂纹，环向开裂周向长度最少也有半圈，甚至已裂穿发生泄漏，纵向裂纹则长短不一，为 50～600 mm。

（a）钛合金冷凝器管外观照片，可见已裂穿的环向裂纹

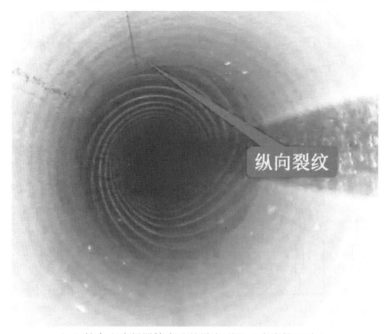

（b）钛合金冷凝器管内壁的纵向裂纹（内窥镜照片）

图 3-46　钛合金冷凝器管的环向裂纹和纵向裂纹

这些裂纹已确认属于疲劳裂纹。环向裂纹是由管外壁鳍片的尖槽底部位置向内壁扩展开裂，产生的原因可能是制造、安装、使用或者三者组合引起，而纵向裂纹则是材质本身存在的问题，并且是突发性的脆性裂纹，开裂前完全没有预兆。

最简单的水压试验和气泡检测方法都能清楚发现已经穿漏的环向裂纹，内壁的纵向裂纹也可以用内窥镜检查出来，但是用常规内插式探头（包括差动式和绝对式）的涡流检测方法却无法检测出来，分析其原因是常规内插式探头产生的涡流方向是管子的周向，正好与环向裂纹平行，而纵向裂纹则是因为差动式的两个线圈对比平衡时，由于裂纹较长，已经超过了差动式线圈之间的距离，以致两个线圈同在一条裂纹上而完全平衡为零了。如果细心观察，有可能在涡流检测仪屏幕的时间轴上看到在裂纹的头尾端有一个很小的上下不同相位的信号，但是在实际检测时，因为还有很多其他小噪声信号混杂在一起而很难分辨。

常规内插式差动探头结构如图3-47所示。

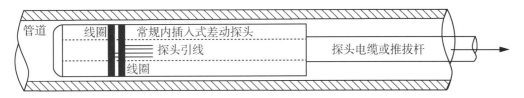

图3-47 常规内插式差动探头结构

对于这种类型的裂纹缺陷，有效的检测方法是采用内通过式的旋转式探头和多通道的阵列式探头，前者用于检测纵向裂纹，后者用于检测环向裂纹，但是这种检测方法除了设备价格昂贵外，由于要分别进行检测而导致检测效率较低。

由于该批钛合金冷凝器管的数量不多，因此可采用自制的两个对称的带磁芯的放置式探头组成内通过式探头来检测，其结构如图3-48所示。

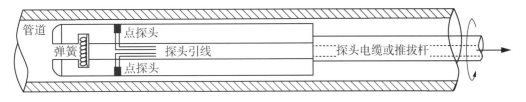

图3-48 自制内通过式探头结构

两个放置式探头以差动式连接，一方面可以增加检测面积，同时用差动式平衡法可以很稳定，使信号不漂移。放置式探头产生的涡流是基本围绕线圈的轴向，探头在管内推进的过程中边左右旋转，边前后运动地逐步深入，使得涡流与裂纹产生垂直方向扫查的效果，一次插管就能很容易地找到这两种缺陷。

为了提高检测效率，还可以考虑在一个圆周平面上安装更多的差动式放置式探头（多通道）并以手工推拔检测，成本也是很低的。

实例 3-2：普通内通过式差动探头的制作工艺

涡流探头的结构组成主要有支架、线圈和连接接头，必要时还加有电磁屏蔽。下面以用于管材内通过式涡流检测的普通差动探头为例介绍其制作工艺。

探头支架通常采用尼龙、特氟龙或聚乙烯塑料棒或管经机械加工成所需尺寸和形状。

图 3-49 所示为使用聚乙烯管车制的内通过式差动探头支架，左边为探头接线座（接头）。线圈绕制完成后，将引线从管内孔牵出，与插座接头焊接，然后将插座固定在支架末端，即完成探头的整体制作。插座用于连接探头电缆，以便与涡流探伤仪连接。

图 3-49 使用聚乙烯管车制的内通过式差动探头支架和接线座

支架的直径要与被检测管材内径相适应，满足一定的填充系数要求。支架上的两个有一定间隔的环向槽分别用于绕制差动式探头的两个线圈（绕制方向相反），槽深与槽宽可为 1~1.5 mm（取决于缠绕线圈采用漆包线的线径和匝数需要的容积），两槽的间隔一般也为 1~1.5 mm，两槽之间的径向钻孔（Φ2 mm 左右）与管内孔相通，以便将线圈两端引线从管内引出并焊接到插座接头上。

为了隔离外部高频电磁场的干扰，有时还需要在激励线圈表面加上铜箔（或其他适当的导电或导磁材料）作为电磁屏蔽。但是加上电磁屏蔽会导致磁场范围和涡流透入深度减小，在使用中需要注意这一点。

线圈的形状、线圈直径、线圈匝数以及两个线圈之间的距离都会对涡流检测线圈的电感产生影响，在设计涡流检测线圈时这些都是必须要考虑的参数。

支架的直径与填充系数要求相关，一般要求填充系数大于 80%，填充系数越大，检测效果越好，但要注意支架与被检测管内壁之间需要留有一定的间隙，以方便检测时涡流探头顺利通过管子内部。例如检测 Φ19×1 mm 的不锈钢管，钢管内径为 17 mm，则选择外径为 14~16 mm（取决于管内表面平整光洁程度）、内径为 10 mm 的支架。对支架的内径没有严格要求，其作用只是引出线圈导线以及便于安装插座。

常规的内通过式探头线圈的磁力线与被检管材轴线平行，亦即是缠绕在探头支架管上环形刻槽内的多层线圈。

线圈匝数的设计：假定环形刻槽的宽度和深度均是 1 mm，则缠绕线圈在槽内的充满状态（槽满率）不宜超过 70%，如果缠绕太满以至接近支架表面，在使用中就容易造成线圈被擦伤损坏而导致失效。例如采用线径为 0.08 mm 的漆包线，漆包线在线圈中实际所占横截面积与边长为线径的正方形面积相似，即 $S_{实际} = 0.08 \times 0.08 = 6.4 \times 10^{-3}$ mm^2，则可得到的理论匝数为：（1 mm × 1 mm × 0.7）／（6.4×10^{-3} mm^2）= 109（匝）。

但是，实际绕制的线圈中，漆包线之间不可能没有间隙，加之漆膜的存在将使实际线径略大于 Φ0.08 mm，在手工绕制线圈的过程中，也会因为漆包线缠绕的紧密程度以及每层的漆包线排列整齐程度存在一定误差，因此不可能完全达到理论计算得到的匝数，像本例中实际绕制的线圈最多可以达到 100 匝。

常用于绕制线圈的漆包线线径为 0.08～0.12 mm。可以按照同样的方法首先计算评估在一定横截面的槽中可容纳的匝数。当然，满足实际检测应用需要的线圈匝数还要根据连接涡流探伤仪后在对比样管中调试确定能够有效发现人工缺陷并且杂波干扰最小的最佳匝数。

手工绕制线圈的方法：通常最简便的方法是使用手摇式绕线机。

如图 3-50 所示，在普通手摇式绕线机的转动轴上装有钻夹头或者小型三爪夹盘，以便夹持不同直径的探头支架。在手摇转动过程中要保持转动平稳。图 3-50 下图中夹持的内通过式探头支架两端各套有一段不锈钢薄壁管，这是为了在实际应用中减小塑料支架的磨损。

制作探头时的注意事项：

①加工支架及钻孔时要求达到表面光滑且无毛刺，必要时应用砂纸打磨，避免刮伤漆包线以及影响漆包线的整齐排列。

②线圈的绕制是一项细致的工作，在绕制过程中要求每层的漆包线排列整齐紧密，不要有空绕和叠绕。由于漆包线很细，缠绕用力太小容易造成线圈排列不紧密，用力太大又很容易将漆包线拉断，一旦拉断就不能继续接线使用，需要拆下已绕漆包线再重新开始绕制线圈。为了便于观察，也可以配以台式宽透镜的放大镜（常用 2× 或 4×），以减轻视力疲劳。

③首先将支架固定到手摇式绕线机的夹头上，保证其位于夹头中心，使支架转动起来不会发生跳动。每个线圈的始端引线首先通过支架的穿孔穿入支架管内部，用镊子把引线小心地夹到支架外，拉出一定长度，用胶布粘贴在支架外壁上，将绕线机的计数器置零，按设计预定匝数绕制线圈，手摇转动的速度不能过快，并注意与输送导线的力度配合适当。绕制完成一个线圈后，在线圈表面涂覆快干胶以固定线圈并起到保护作用。注意此时手持线圈末端不能松手，以防止线圈因导线的弹性发生松脱。涂覆胶层与支架表面平齐，待胶层凝固后，把线圈末端留出足够长度的引线通过支架的穿孔穿入支架管内部，用镊子把引线小心地夹到支架外，用胶布粘贴在支架外壁上。以同样方法绕制另一个线圈，由于是差动式线圈，两个线圈的绕制方向是相反的，这点要特别注意。两个线圈的绕制都完成后，将每个线圈始端和末端引线的端头用金相砂纸磨去表面漆层，露出金属光泽，用低功率电烙铁使该处吃锡，然后焊接到插座的四脚接头上，要注意不能接错线，并且线圈始末端引线不能有接触，防止短路，最后将插座装配在支架末端，至此完成整个探头的制作。

图 3 –50   使用手摇式绕线机绕制涡流探头线圈

3.5   涡流检测试件与辅助器材

涡流检测与其他无损检测方法一样，对被检测对象质量的检测与评价都是通过与已知质量的样品比较得出结论来的。如果脱离了这类起参考比较作用的样品，很多无损检测方法将无从实施，这类参考样品在无损检测中通常被称作标准试件或对比试件。根据标准试件或对比试件的具体几何形态不同，又有试块和试片之分。

涡流检测技术应用的试件分为标准试件和对比试件两种。

3.5.1　标准试件

标准试件是按相关涡流检测技术标准规定的技术条件加工制作而成，例如试件的材质要求均匀且无自然缺陷，对试件的规格尺寸，以及试件上人工缺陷的形式、位置、数量、大小等也有严格要求，并且在加工制作完成后，要经过得到授权的技术权威机构的书面确认和批准（即认证）。在长期反复使用过程中，标准试件还要定期由经认可的专业技术机构（例如符合资质要求的计量机构）校验认证。

涡流检测的标准试件一般用于评价涡流检测系统的性能，并不直接与被检对象的材质相关，也不用于具体产品的实际检验。

图3-51所示为检测涡流探伤系统端部效应的标准试件，用于评价涡流探伤仪对靠近管材端部缺陷的检测分辨力。

图3-52所示为评价涡流探伤系统对缺陷深度响应性能的标准试件。

图3-53所示为评价涡流探伤系统对近表面缺陷和表面缺陷响应能力的标准试件。

图3-54所示为评价涡流探伤系统对缺陷长度响应能力的标准试件。

图3-55所示为评价涡流探伤系统对缺陷间距分辨能力的标准试件。

图3-56所示为评价涡流探伤系统周向灵敏度差异、端部盲区及检测灵敏度的标准试件。

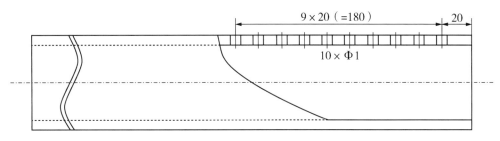

图3-51　检测涡流探伤系统端部效应的标准试件（单位：mm）

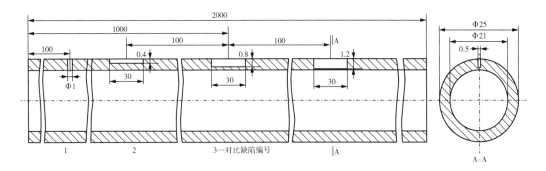

图3-52　评价缺陷深度响应性能的标准试件（单位：mm）

（外壁纵向槽深为壁厚的20%、40%、60%，槽宽0.5 mm，槽长30 mm）

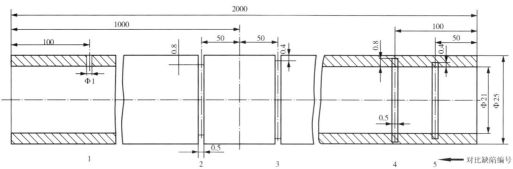

图 3－53　评价近表面缺陷和表面缺陷响应能力的标准试件（单位：mm）
（内外环槽深度为壁厚的 20% 和 40%，宽 0.5 mm）

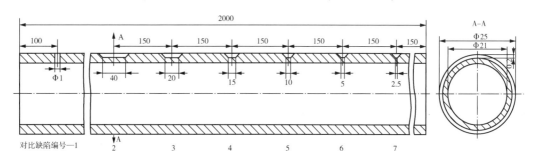

图 3－54　评价缺陷长度响应能力的标准试件（单位：mm）

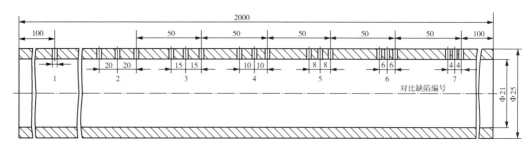

图 3－55　评价缺陷间距分辨能力的标准试件（单位：mm）

（试件共 7 组通孔，2～7 组为每组 3 个孔，间距分别为 4 mm、6 mm、8 mm、10 mm、15 mm 和 20 mm，所有孔的孔径为 1.0 mm）

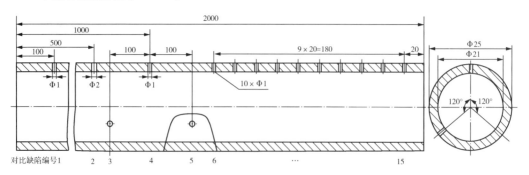

图 3－56　评价周向灵敏度差异、端部盲区及检测灵敏度的标准试件（单位：mm）
（10 个孔间距为 20 mm，3 个孔角距为 120°，纵向间距为 100 mm，1 个孔径为 1.0 mm，1 个孔径为 2.0 mm）

3.5.2   对比试件

涡流检测的对比试件是针对具体被检对象和检测要求，按照相关涡流检测验收标准规定的技术条件加工制作，经与检测对象相关质量管理部门确认后，可用于被检对象质量符合性评价的试件，作为具体被检对象质量状况的评价依据。

涡流检测对比试件的用途主要有三个：

1. 调节和检验所使用的涡流检测设备

开始检测前，使用对比试件调节涡流检测系统设定的相关参数（如检测频率、相位等），确定工作状态（如机械系统传送速度、稳定度的调整）。在检测过程中，使用对比试件检查涡流检测设备工作是否正常、可靠（监测涡流检测系统长时间工作的稳定性，这是为了消除外界干扰因素的影响，保证涡流检测结果的一致性，通常在涡流检测系统连续工作一段时间后或发现涡流检测仪器显示出现异常时，要求采用对比试件对检测系统进行重新测试）。

2. 确定质量验收标准

在检测过程中，以对比试件上指定人工缺陷的指示信号为基准，判定被检试件是否合格，亦即用于具体产品实际检验中作为评定被检测对象质量状况的评价依据。

3. 检查所使用涡流检测设备的性能能否满足正确检测的要求

主要包括检测灵敏度、分辨力、末端效应长度、人工缺陷的重要性等。

涡流检测对比试件制作的注意事项主要有：

1. 材料的选择

对比试件的材料特性与被检试件的材料特性必须相同或相近，包括材料牌号、制造工艺与加工程序、热处理状态、规格尺寸与形状（对比试件的形状相对被检测产品必须具有代表性）、表面光洁度等，因此通常是直接在被检试件上截取，并且应事先经过无损检测确认不存在可能干扰检测评定的缺陷。

2. 人工缺陷的加工

在产品的涡流检测规范中，一般已经依据被检试件最可能存在的自然缺陷的种类、方向、位置以及对产品使用可靠性影响等因素规定了对比试件上人工缺陷的形式和大小尺寸，对比试件上人工缺陷的形式、大小以及制作精度等均应符合涡流检测规范的要求。对比试件上不允许带有自然缺陷，制作时不允许材质发生变化（例如加工过热引起材质变化），不允许留有残余应力。对比试件制作完成后，人工缺陷内不允许残存金属粉末。为了防止末端效应的影响，应使人工缺陷与对比试件末端相距 200 mm 以上。对比试件上的人工缺陷有 2 个以上时，为了防止相互干扰，两个人工缺陷的间距也应在 200 mm 以上。

涡流检测对比试件上的常见人工缺陷有通孔型、平底盲孔型、轴向和周向槽型。按照涡流探伤应用对象的不同，可分为外通过式线圈检测用对比试件、内通过式线圈检测用对比试件和放置式线圈检测用对比试件。无论是用于哪一类产品检测的对比试件，人工缺陷的形式并不受统一的限定，而是由产品制造或使用过程中最可能产生缺陷的性质、形状决定。

通孔能较好地代表穿透性孔洞，虽然穿透性孔洞在管材制造过程中较少出现，但由于通孔缺陷最容易加工，因此被广泛采用。

平底盲孔对于管壁的腐蚀具有较好的代表性，因此在对在役管材的涡流探伤中较多采用。

轴向和周向槽能较好地代表管、棒材制造过程产生的例如折叠、条状伤痕及裂纹类缺陷，以及使用过程中出现的开裂等条状缺陷和各种机械零件在使用过程中产生的疲劳裂纹，在多数情况下比通孔缺陷对于自然缺陷具有更广泛、真实的代表性。但是由于槽形缺陷的加工与几何尺寸测量比孔形缺陷难度大，因此在涡流对比试件制作中并没有更广泛地选择槽形人工缺陷。

对比试件上孔形缺陷的制作一般采用机械加工的方法（钻孔），在加工平底孔时，应注意选用平刃刀具钻制，以满足底面平直度要求。在孔形缺陷的加工过程中，钻头施加给对比试件较大的压力和切削力，因此需要注意防止试件产生变形（特别是薄壁管）。在管材对比试件上加工通孔时，在管材内部容易留下切屑和孔口毛刺。这些切屑和毛刺不仅会产生干扰信号，而且会损伤内通过式检测线圈。

槽形缺陷的制作一般采用电化学加工方法，最常用的两种加工方法是线切割和电火花加工。前一种方法适用于贯穿整个加工面的槽形缺陷的加工，槽形缺陷宽度一般最小可达到 0.15 mm，更细小的槽则难以用这种方法加工；后一种方法适用于加工面上较短槽形缺陷的加工，刻槽宽度最小可达到 0.05 mm，但是对于长度大于 20 mm 的槽形缺陷，电火花加工的电极则难以保证槽形缺陷的纵向平直度。

线切割和电火花加工方式都会产生较大的热量，在加工中应特别注意避免烧伤对比试件，防止人工缺陷附近的显微组织发生变化。

不论是变形、切屑、毛刺，还是烧伤以及显微组织变化，都可能会引起涡流效应。因此，涡流检测人员在制造对比试件时应向加工人员提出这些注意事项。

3. 对比试件制作完成后的检查

对比试件制作完成后，应精确测量人工缺陷的长度、宽度、深度、直径等几何尺寸，这些都应符合技术标准的规定。

如果对比试件的材质、人工缺陷的形状与几何尺寸失去精准性，将导致产品涡流检测结果不可靠。

在长期反复使用过程中，所使用的对比试件应由相关部门（如质量管理部门或计量部门）定期采用适当、可靠、简单实用的方法核查其各项有关参数的稳定性，对其做出满足相关技术标准或技术条件要求的结论。

图 3 – 57 所示为用于无缝管材外通过式线圈涡流探伤的对比试件，3 个通孔型人工缺陷沿轴向等距离，沿圆周方向相隔 120°，用于调整检测系统的周向检测灵敏度和传动系统的对中状态，对比试件左边靠样管端部某一距离的通孔用于评价和保证涡流检测系统的端部盲区符合技术标准的要求。

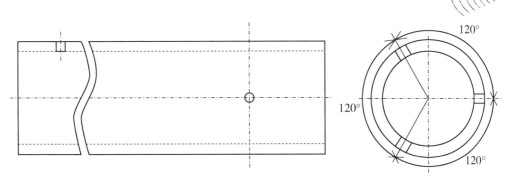

图 3 - 57　无缝管材外通过式线圈涡流探伤的对比试件

　　图 3 - 58 所示为一种热交换器管外通过式涡流探伤的对比试件，以不同深度（通常按管材壁厚的百分比）纵向刻槽为人工缺陷，对比试件左边靠样管端部某一距离的通孔用于评价和保证涡流检测系统的端部盲区符合技术标准的要求。

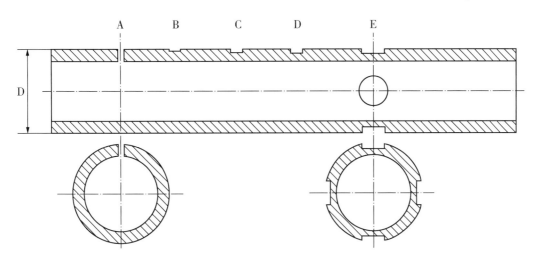

图 3 - 58　热交换器管外通过式涡流探伤用对比试件

　　图 3 - 59 所示的对比试件适用于放置式探头的涡流检测。图 3 - 59a 所示为平板试件或具有较大曲率半径试件用的对比试件，线切割刻槽，槽宽 0.15 mm，公差 ±0.05 mm，孔型缺陷为平底孔。图 3 - 59b 所示为用于带有螺栓孔零件涡流探伤的对比试块，在螺栓孔边有线切割刻槽，槽宽 0.15 mm，公差 ±0.05 mm。

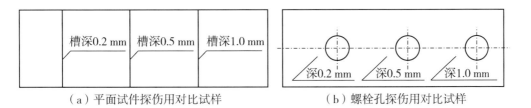

图 3 - 59　零件探伤用对比试件

图 3-60 所示为使用放置式探头在刻槽试块上调整涡流检测仪器灵敏度。

图 3-60　使用放置式探头在刻槽试块上调整涡流检测仪器灵敏度

图 3-61 所示为刻槽试块实物照片。

图 3-61　刻槽试块实物照片

图 3-62 所示为远场涡流检测用带有人工缺陷的无缝钢管对比试件，人工缺陷为通孔和平底孔。

使用涡流检测设备对被检试件进行高效的自动化检测时，通常还需要一些辅助装置，主要包括试件传动装置（进给装置）、报警装置和标记装置、耦合装置（探头驱动装置）、磁饱和装置等。

1. 试件传动装置（进给装置）

涡流自动化检测中应用的试件传动装置有很多种结构形式，视检测对象不同（如管材、丝材、球体等）而各不相同。例如试件自动前进的传送装置、探头绕试件做圆轨迹

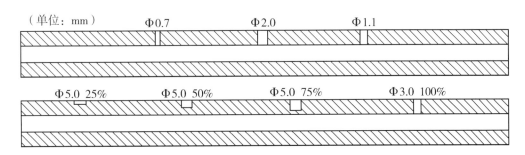

图 3 – 62　远场涡流检测用带有人工缺陷的无缝钢管对比试件

旋转的驱动装置、试件的自动上下料装置、自动分选装置等。

为了得到良好的检测效果，涡流检测仪对试件传送装置有一些共同的基本要求：

（1）传动装置的传动速度要稳定

在检测时，试件和探头之间做相对运动，在检测信号中会产生各种调制频率，需要利用频率分析法（即采用滤波器）来抑制干扰频率的杂波，提取有用信息。传动机构的不平稳、振动或速度不均匀，不仅会产生大量各种频率的杂波干扰信号，而且会引起所需要检出信息的频率发生变化，影响检测的正常进行。因此，往往要在电机线路内接入各种反馈电路，以保证电机的转速稳定。一般要求传动速度的误差在5%以内。

（2）传动装置的传动速度要可调

为了对不同类型、尺寸规格的试件进行涡流检测，要求在调换新的检测品种或进行新的检测试验时，传动装置的速度可以调整，以便一机多用，扩大仪器的使用范围。调速可通过简单的齿轮传动来完成，也可以采用变速箱装置，但较多的是对电动机采用可控硅调速，它具有简单、方便、可以实现无级调速等多种优点。

（3）对于通过式线圈法检测，要求试件在传送过程中能保持和检测线圈的同心度

在传送过程中，保持试件和线圈的同心度与检测灵敏度有着直接的关系。试件和线圈的不同心会使线圈阻抗发生不应有的变化，而旋转探头运转的圆轨迹和试件的不同心则会产生提离效应，这些影响都会使检测灵敏度大大降低。因此，要求传送装置必须能保持试件和线圈之间的同心度。通常是在涡流检测仪中增加一个自动增益控制电路，以消除由于试件和线圈的不同心而引起的干扰信号。

2. 报警装置和标记装置

在涡流自动化探伤系统的涡流检测仪中常设有报警触发电路，当检测到超出验收标准的缺陷信号时，能触发音响（如蜂鸣器）或灯光指示信号报警，有的报警触发电路还可以输出信号使传动机构停止传动，以及驱动气动喷标机在试件的缺陷位置上喷漆标记等，便于操作人员及时判断检测结果，对不符合质量要求的试件进行处理。

3. 耦合装置（探头驱动装置）

在使用旋转探头对金属管、棒材进行涡流检测时，探头围绕被检试件做高速旋转，需要在探头和仪器之间实现信号传输，即在采用旋转探头的涡流检测仪中，探头和涡流检测仪之间需要配备信号耦合装置。

耦合装置置于探头和仪器之间的方法最简单易行，其体积小、重量轻，因而得到广泛的应用。由于探头输出的信号很微弱，要求耦合装置的噪声系数必须很小，为了解决这个问题，有时也采用另一种安装方式，即先将探头得到的信号加以放大，再经过耦合装置传输给涡流检测仪处理，但是这样将大大增加探头的体积和重量，给制造和使用带来许多不便。

目前，耦合装置采用的耦合方式有以下几种：

（1）电刷耦合

这种方法是利用电刷和滑环直接接触来传输信号，是最早采用的一种方法。这种方法结构简单，制造方便，容易实现多路耦合，但其致命的弱点是电刷和滑环的接触电阻不稳定，特别是在高速旋转（如 2000 r/min 以上）时，接触不良会给仪器带来很大噪声，甚至产生跳动火花引起假信号。另外，电刷和滑环容易磨损、寿命短，需要经常维护。

（2）电感耦合

这种方法是利用线圈之间的电磁耦合来传输信号。这种耦合方式克服了电刷耦合方式中接触不良的缺点，并且体积小，结构可靠，失真度小，但是这种方式存在着线圈之间的阻抗匹配问题，因而耦合效率较低，为了提高耦合效率，常常要在感应线圈外面加设电磁屏蔽罩。

（3）电容耦合

这种方法是利用电容进行耦合。这种耦合方式噪声很小，但只适用于高频率的检测设备（为了减小耦合电容），频率响应较差，而且体积小、阻抗匹配难，不容易实现多路耦合，因而应用较少。

（4）电导液耦合

这种方法是利用旋转电极和固定电极之间的电导液来传输信号。这种耦合方式的耦合效率很高（可达95%），噪声小，频带宽，不需要阻抗匹配，对探头的适应性强，容易实现多路耦合，其主要的缺点是制造比较困难。

4. 磁饱和装置

铁磁性金属材料的磁导率随磁场强度的变化而变化，特别是经过冷热加工处理（冷变形以及锻、铸、焊、热处理等）后，还会引起金属内部磁导率分布不均匀。在涡流探伤中，金属磁导率的变化会产生较高的磁噪声信号，此外也有一些非铁磁性不锈钢，在进行热加工（例如熔化焊接）之后，奥氏体组织转变为马氏体而带有铁磁性，在涡流探伤时同样也会引起磁噪声。

一般来讲，磁噪声对线圈阻抗的影响往往远大于缺陷的影响，因而会影响缺陷信号的检出。另外，铁磁性金属的相对磁导率远远大于 1，趋肤效应很强而透入深度很浅，可探测深度大约只有非铁磁性金属的 $1/100 \sim 1/1000$。

对铁磁性金属试件进行涡流检测前，首先对被检试件进行磁饱和处理，将有利于消除磁导率不均匀的影响、抑制干扰和增大涡流透入深度。

铁磁性金属达到饱和磁化时，外加稳恒磁场 H 达到一定值，金属的磁感应强度 B 不再增加，趋于饱和状态，而磁导率将降至最小值。因此，经过磁饱和处理后的铁磁性金属可作为非铁磁性金属对待。

在涡流探伤中常用的磁饱和装置有两类：

一类磁饱和装置是由通有直流电的激磁线圈构成，利用线圈来产生恒稳磁场，并借助导磁套、导磁体或磁轭等高导磁部件将磁场疏导到被检试件（如钢管、钢棒）的探伤部位，使之局部达到磁饱和状态。这类磁饱和装置中有代表性的是通过式（见图3-63a）和磁轭式（见图3-63b）。前者主要用于外通过式线圈的探伤，而后者主要用于扇形线圈或放置式线圈的探伤。为了充分利用激磁线圈产生的磁场，这些装置一般都有由铁磁性金属（如纯铁）制作的外壳，因为纯铁μ值很大，磁阻很小，能把泄露在空间中的磁力线引导到试件的检测部位。

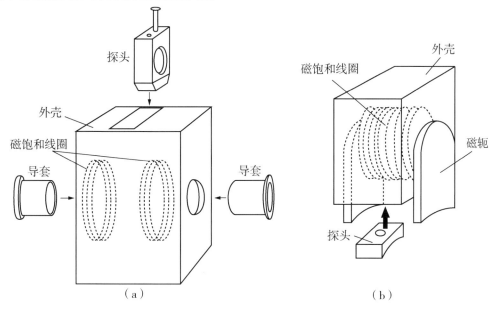

图3-63　磁饱和装置示意图

带有磁饱和处理装置的涡流检测系统常把检测线圈与磁饱和激磁线圈夹持在一起，因此，磁饱和装置的结构与检测线圈的外形有密切关系，并且在穿过式涡流探伤中，磁饱和装置中的导套与检测线圈必须保持同心，否则会造成较大的周向灵敏度差，导致漏检和误检。

涡流探伤中进行的磁饱和处理要求检测线圈附近的磁通密度达到使钢管或钢棒饱和磁化所需磁通密度的80%以上。因此，应根据被检试件的材质和规格选择磁饱和处理所需的磁化电流。在理论上是首先根据被检试件的材质、热处理状态、规格尺寸计算或测绘磁化曲线来确定达到饱和磁化所需的磁通密度，再按该磁通密度的80%确定磁化电流。这种方法因受到许多条件的限制而往往难以实现。在实际应用中，通常是通过对比试样进行简便的调整，即在带有磁饱和激磁线圈和检测线圈的装置中往返通过对比试样，逐步增大磁化电流，同时观察涡流检测仪显示的噪声信号和人工缺陷信号的变化，以噪声信号最小、人工缺陷信号最大时的磁化电流为基本合适的磁化电流。按照一般规律，钢管直径越大，壁厚越厚，材料的磁特性越软，所需的磁化电流就越大，反之则越小。

常规的磁饱和器由磁化线圈和铁构件组成，体积大且重量重，适合用在无须移动的固定场所，例如钢管、钢棒制造厂。对于需要经常在移动场合进行钢管涡流探伤时，例如发电厂、石油化工厂现场，则需要使用移动式的磁饱和器。这种移动式的磁饱和器由磁饱和器和磁化恒流电源构成，结构上设计紧凑，使用高磁导率材料以提高装置的磁化效率，减小体积和重量以便于搬运移动，采用稳压恒流电源作为磁化电源，能很好地避免现场供电电源的电压变化或磁化线圈发热引起电阻变大导致磁化电流大小发生改变而影响涡流检测的效果。

图 3 - 64 所示为爱德森（厦门）电子有限公司的外通过式磁饱和装置实物照片。

磁饱和装置的激磁线圈中通过的电流强度很大，容易使线圈发热甚至烧毁，而且激磁线圈发热也会引起电阻变大而改变磁化电流，因此，在较大型的磁饱和装置中都需要采用水冷和风冷措施。在采用水冷却的磁饱和装置中，线圈整体要用环氧树脂浸封，以避免线圈导线直接与水接触而发生短路。

图 3 - 64　爱德森（厦门）电子有限公司的磁饱和装置（外通过式）

另一类磁饱和装置是由强力永久磁铁（例如铷铁硼型永久磁铁）构成，主要用在不宜使用通电线圈型磁饱和装置的场合。例如在用内插式线圈进行探伤时，无法应用大型的磁饱和装置，此时便可采用永久磁铁探头，利用磁铁的磁场对管壁或孔壁进行局部的饱和磁化。

经饱和磁化处理过的被检试件，在完成涡流检测并去除磁化场后，试件上会留有剩磁。一些质量要求较高的产品需要进行退磁处理。通常可以采用工频交流退磁线圈远离法或者工频交流退磁线圈降流法进行退磁。

工频交流退磁线圈远离法退磁是让带有剩磁的试件通过退磁线圈，在试件逐渐远离线圈的过程中，试件上各部位都受到一个幅值逐渐减小、方向在正负之间反复变化的磁场的作用。在这个磁场的作用下，试件的磁化状态将沿着一次比一次小的磁滞回线，最后回到近乎未磁化状态 O 点（见图 3 - 65）。

工频交流退磁线圈降流法退磁则是试件停留在线圈内，而退磁装置控制线圈通过的交流电幅值逐渐减小至零。

一般来说，对于直流电磁饱和处理的试件，使用工频交流退磁线圈远离法退磁，还不能把剩磁完全去除，为了改善退磁效果，有时还需要先使用直流线圈以倒向 - 减弱法进行退磁，然后再使用工频交流退磁线圈远离法或工频交流退磁线圈降流法退磁。

应该注意，不论用何种退磁方法，都只能尽可能把剩磁退到最小，试件是不可能完全恢复到磁化前的原始状态的。

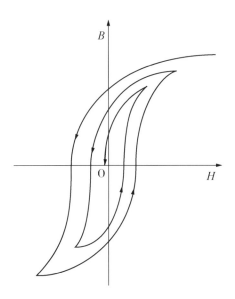

图 3 - 65　退磁过程

3.5.3　探头推拔器

在进行锅炉水管、烟气管道等设备的在役涡流检测时，需要将内通过式涡流检测探头深入被检测的管内，通过移动探头在管道内的位置来对整个管路进行检测。由于这类管道的长度较长，探头与涡流检测仪器的连接电缆线较软，无法直接推送探头电缆线将探头插入管道深处，因此通常需要通过引导装置来实现。

一种引导装置属于牵引型装置，具体操作方法是：先用手工将有一定刚性和弹性的引导装置（例如钢丝）从管道一端插入，从另一端引出，将探头与引导装置连接，再用手工由该端把探头拉入管道中，把检测探头在管道中拉过达到被检管道的另一端，就可以检测整个管道。这种方法适用于直管道和弯曲半径较大的管道。这种检测方法的不足之处在于要求管道的两端必须都有开口，并且管道长度不宜过长，弯曲半径不宜过小，否则引导装置将无法实现引导功能。此外，该方法要求管道的尺寸和形状相对固定，不能有较大变化，如果尺寸变化或者管道弯曲过大、过多，则有可能出现引导装置无法穿过的现象，而且这种方法的检测程序复杂，效率较低。

另一种引导装置称为探头推拔器，可以推动探头进入管道中进行检测，按驱动方式不同分为机械式推拔器和气动式推拔器。

气动式推拔器是先利用高压气瓶释放的高压气体将探头和探头引线压入管道末端，然后用人工收回或者采用机械方法收回探头（抽出），此过程即检测过程。气动式推拔器的优点是传送速度快、检测效率高。其不足之处是由于采用高压气体驱动，需要压气机或压缩空气瓶等设备，使得系统庞大，重量较重，不适合空间狭窄的场合。此外，如果采用人工方法收回探头，探头移动检测的速度不恒定，容易产生检测误差；如果采用机械方法收回探头，则还需增加机械式驱动设备，使得气动式推拔设备的使用范围受到限制。

机械式推拔器与气动式推拔器不同，它采用直流电动机驱动压紧探头电缆的橡胶驱动轮组滚动，直流电源的开关有前进挡和后退挡，因此可以向管道内输送或回收探头。由于没有气体驱动，故其体积可以较小。机械式推拔器的优点是可以保持探头移动速率的均匀，使检测信号的变化平稳，同时提高检测效率。

图 3 – 66 所示为美国捷特公司的电动探头推拔器。

图 3 – 66　美国捷特公司的探头推拔器

第4章 涡流检测工艺

4.1 概述

涡流检测技术具有适用性强、非接触耦合、检测装置轻便等优点，在冶金、化工、电力、航空航天、核工业等领域得到广泛应用。

涡流检测的应用主要体现在涡流探伤、涡流测厚和材料测试三方面。

工业涡流检测技术除了用于探伤外，还可用于材料或零件电磁特性的测量，如材质分选、电导率测量、防护层厚度测量、电阻测量、温度测量、厚度测量、振动和转速测量等领域。

涡流探伤的应用主要包括管材或棒材生产过程中的在线检测、入厂复验检测、管道的在役检测和非规则零件制造与使用过程的检测等。

管、棒类材料及制件，如钢管、冷拉圆钢、钛合金管（棒）、铝合金管、铜合金管，绝大多数采用外通过式线圈法（也有旋转探头式或内通过式涡流线圈）检测原材料中的冶金缺陷和制造过程中产生的缺陷。外通过式线圈法可以在同一时刻对管、棒材整个圆周区域实施相同灵敏度的检测，具有易于实现自动化、速度化、效率高的优点。

金属管材加工成产品并运行使用一段时间后，如锅炉管道、热交换器等，通常需要进行定期监测使用过程中产生的缺陷（特别是裂纹、腐蚀等），由于管道外壁已经与其他构件相连接，无法采用外通过式线圈法实施检测，因此，对于管状类产品的在役检测多采用内通过式线圈法。

对于非管棒类材料、制件以及非规则零件，则广泛采用放置式线圈法进行检测。

在实际涡流检测中，除了要了解各种涡流检测方法的特点、原理及所使用的仪器设备的性能外，还必须根据具体的检测对象正确制订和执行操作规程，有效地调节和使用仪器设备，以取得正确、可靠的检测结果。

在涡流检测中，影响检测线圈阻抗变化的主要因素包括提离效应、电导率、磁导率、激励频率、缺陷性质与几何形状、被检试件形状及厚度、检测线圈的直径、填充系数、边缘效应、端部效应等。

进行涡流检测的场地环境一般要求不应有影响仪器正常工作的强磁场、大电流工作的设备（会引起电源电压大幅波动，对使用电网电源的涡流检测仪器工作稳定性造成影响）、振动、腐蚀性气体、高温、过多的尘埃等。

涡流检测操作的主要考虑因素包括涡流检测仪器设备和检测线圈的要求与选择、对比试件的制作与选择、检测条件的调整以及实施检测的操作规范和检测灵敏度的定期核查等。

4.2 涡流检测规范

4.2.1 涡流检测的技术规范

为了有效地进行涡流检测并得出可靠的检测结果，需要制定一系列有关的技术文件提供给检测人员执行，以指导和规范涡流检测的实施。这些技术文件通常分为技术标准、检测工艺规程（又称检验说明书、检测程序书、检测规范、检测规程）和检测工艺卡（又称探伤图表、检测作业指导书、检测工艺指导书等）三个层次。

技术标准为最高层次的文件，是针对某类被检对象和所实施的涡流检测方法提出相关要求和质量控制条件以及验收标准的技术文件。技术标准通常由具有权威性的标准编制机构组织编制并审定批准，包括国际标准、国家标准、行业标准、地方标准、企业标准等多个层次。

检测工艺规程是依据给定的技术标准，针对某类被检对象实施涡流检测方法所确定最低通用性要求的描述，对检测目的、检测方法、仪器设备、检测条件及质量验收要求等一系列相关内容做出明确规定，用于指导某项具体的涡流检测方法的实施，保证检测结果的一致性与可靠性。检测工艺规程一般以文字说明为主，应具有一定的覆盖性、通用性与可选择性，编制完成后一般还需要得到产品检测委托单位的认可。

检测工艺规程通常包括如下基本内容：适用范围（检测目的，例如探伤、材质鉴别、测厚等）、编制依据的技术标准、对实施检测工作的人员要求（技术资格等级要求）、被检对象或项目的名称以及状态要求（包括尺寸范围、形状、材质、表面粗糙度、热处理状态及表面处理状态等）、检测时机安排（例如在生产产品的哪道加工工序后实施涡流检测）、使用的检测设备与器材（如涡流探伤仪类型，探头类型，调试涡流检测仪器或系统的标准试件和对比试件的材料、形状、尺寸，以及人工缺陷的种类、尺寸和加工方法等）、检测的工艺参数要求（检测方法、参数设定、表面预处理方法及要求等）、质量验收标准、检测所要求记录的内容以及检测结果的处理要求（标记方法、分类方法）等。

涡流检测工艺规程要求由具有高级（3级）涡流检测技术资格的人员来编制。

检测工艺卡是依据给定的技术标准和检测工艺规程，针对需要进行涡流检测的某一具体产品或产品上的某一部件或零件专门制定的有关检测技术细节和具体参数条件以及具体操作要求的细则，是检测工艺规程的细化和具体化，目的在于具体指导检测人员实施统一的检测操作方法，按照统一的要求处理检测结果并做出合格与否的结论，减少或消除不同的理解和执行方法导致的差异，以保证检测质量以及检测结果的一致性。因此，检测工艺卡属于专用性很强的工艺文件。涡流检测人员必须严格执行检测工艺卡所规定的各项条款，不得违反，因此，要求检测工艺卡简单明了，具有可操作性，一般要求一种被检试件一卡。

检测工艺卡中通常包括如下基本内容：

检测工艺卡的名称、编号，实施或编制单位，编制日期，版本号（或版次），预留版本更新备注栏等。

具体检测对象的名称、零件编号或图号、规格、材料牌号、表面粗糙度、冶金状态（原材料、压力加工工艺、铸造加工工艺、热处理工艺等）、检测数量（全检或者抽检，抽检率及抽检方法）等。

检测条件，根据给定的涡流检测工艺规程来设定，例如检测时机、被检试件表面清洁度与表面粗糙度要求、圆形截面试件的椭圆度、长试件的挠度、试件温度、环境温度等，涡流检测仪器与探头的型号及编号（可包括性能指标要求）、激励频率、附加装置（磁饱和装置、推拔器、喷标器、传动机构等）、探测面（可用示意图表示）、验收标准、检测灵敏度的调整方法（包括对比试件的种类及要求、调试方法等）、检测速度、缺陷评定方法、质量评定的依据标准、验收级别以及标记方法等。

责任者签名，包括编制者及其技术资格、校对者、审核批准人，或者还包括检测委托单位及人员的认可签名（俗称"会签"）等。

检测工艺卡要求由至少具有中级（2级）涡流检测技术资格的人员来编制。

涡流检测工艺规程和涡流检测工艺卡是正确实施涡流检测的重要技术管理文件，目的是保障检测人员能够按照统一的检测方法和工艺参数实施检测，从而有效地保证涡流检测的质量。编制涡流检测工艺规程和涡流检测工艺卡是涡流检测技术质量管理与控制中必不可少的重要环节，也是一个涡流检测技术人员的基本工作内容之一。在企业中，通常会将检测所需要使用的原始记录表格、检测报告表格等事先印制好提供给检测人员使用。

4.2.2 涡流检测系统的性能要求

涡流检测系统的主要性能一般包括缺陷深度响应性能、表面和近表面缺陷响应能力、缺陷长度响应性能、缺陷间距分辨能力、周向灵敏度差异、端部盲区、灵敏度调节性能、相位调节性能、工作稳定性等。

对用于管材和管材制品的外通过式线圈法的涡流探伤仪，其性能主要包括对缺陷深度的响应性能、对管内壁缺陷和外壁缺陷的响应能力、对缺陷长度的响应性能、对缺陷间距分辨性能、周向灵敏度差异、端部盲区大小、灵敏度调节性能、相位调节性能、系统连续工作稳定性9个方面。

涡流电导仪的主要性能包括电导率测试值的稳定性、提离抑制性能、分辨力、测量精度（误差）。

涡流电导仪的分辨力是指仪器能够显示的最小有效读数，反映仪器的测量精确度，对于数字式涡流电导仪是指仪器显示数据最后一位数字的最小变化量，对于指针式涡流电导仪是指刻度盘上最小分格的一半。涡流电导仪在不同测量范围有不同的分辨力，不能将低值或高值范围的分辨力作为涡流电导仪在整个测量范围内的分辨力。

涡流测厚仪的主要性能包括工作稳定性和分辨力及测量精度（误差）。

因此，应根据具体检测对象和检测目的，选择具有相应功能且性能满足检测需要的涡流检测仪器或系统。

4.2.3　涡流检测的一般程序

1. 检测准备

为了保证涡流检测的顺利进行和提高检测结果的可靠性，检测开始前应做些必要的准备工作，主要包括：

（1）检测方法和检测仪器设备的选择

检测方法和检测仪器设备应在全面分析下列因素之后加以确定：

①检测的目的与要求、验收标准和验收等级等。对于数字式涡流探伤仪还要考虑其采样速率能否满足检测速度的要求，一般的技术标准要求被检试件每毫米长度至少1个采样点，例如探头移动速度为10英寸[①]/秒（254 mm/s），则仪器的采样速率应至少达到300点/秒为宜。采样速率高了当然好，但是对涡流探伤仪的内存或存储器的容量要求也高，设备价格也会随之提高。

②被检试件的材质、形状、规格尺寸大小、数量、表面状态以及热处理状态等基本数据。

③现场环境条件等。在现场检测过程中，应保证涡流检测仪器接地良好，并做好线缆屏蔽，防止仪器及线路受到电磁干扰。现场如果有大功率设备（例如行吊、电焊机、大型机械加工机床、大电流磁粉探伤机等）与涡流检测仪器共用电源，这种交叉作业不但会导致供电电源电压的大幅波动，而且会对涡流仪器造成非常大的电噪声干扰。通常在检测过程中发现信号中有大量幅值高而且相同、相位角度具有较强规律性的噪声时，就应该怀疑电源影响并予以排查。

（2）检测线圈的选择

检测线圈是涡流检测的信号传感器，其制造工艺的好坏以及它的性能直接影响测量精度和检测结果的可靠性。

选择检测线圈主要的考虑因素有：

①被检试件的形状和规格尺寸大小。

②根据被检对象的几何形状选择使用放置式线圈法（如板材、形状复杂零件）、外穿过式线圈法或旋转探头法（如管材、棒材、丝材）、内通过式线圈法（如检测管材内壁、螺栓孔）。

③检测线圈的参数及拾取信号的方式必须与涡流检测仪器适配。根据检测目的（电导率测量、几何形状测量、探伤等）选择使用绝对式或差动式线圈。使用穿过式探头检测管材时还要考虑填充系数。如果填充系数较低，在与被检管相对运动扫查时容易发生晃动，探头与被检试件之间的距离发生较大变化而产生较多的提离信号干扰，影响信噪比。提高探头的填充系数可以减少探头的晃动，也能够提升探头的响应灵敏度，能明显

---

①　英寸的符号为 in，1 in = 2.54 cm = 25.4 mm。

改善信噪比。但是填充系数过高会降低探头与被检试件之间的通过能力并加剧探头磨损，而探头在过度磨损后，会产生过大的信号噪声，严重影响检测信号质量。一般来说，填充系数保持在85%～90%为宜，并且在使用中要注意经常检查探头的磨损情况。例如在用内通过式探头检测锅炉管道或电站热交换器管时，根据管内部的洁净程度不同，一般建议检测长度达到3000～7000 m后就应该考虑更换探头。

（3）确定适合检测的缺陷类型

如纵向（轴向）或横向（周向）缺陷、长条形缺陷或点状缺陷、面积型腐蚀或斑状腐蚀或点蚀等。

（4）被检试件表面的清理

进行涡流检测前，必须对探头和被检试件进行仔细彻底的清洁，清除黏附在探头和被检试件上的金属粉、氧化皮、油脂等附着物，因为这些附着物会干扰涡流检测仪器拾取的检测信号，产生噪声，降低信噪比，影响检测结果，尤其是非铁磁性材料试件上的铁磁性附着物对检测的干扰影响更严重。

（5）对比试件的准备

对比试件是调节检测仪器和检测时评判检测结果的重要工具，对检测结果影响极大，设计制作对比试件时应予以足够的重视。如果涡流检测技术标准或检测规范已做出了明确规定，则必须严格按照涡流检测技术标准或试验规范的规定制作对比试件。

（6）仪器预热

在正式开始检测前，应对仪器进行预热，以便使仪器的性能趋于稳定，保证检测结果的可靠性和具有良好的可重复性。模拟式、指针式仪器的预热时间一般为20～30 min，数字式仪器的预热时间一般也应至少2～3 min为宜（如果仪器使用说明书有专项说明，则根据仪器说明书的说明进行）。通常检测参数的选择和检测结果的判定应在仪器经过预热、性能稳定后进行。

（7）附加装置的调整

配备机械传动进给装置的自动涡流检测系统，要注意尽可能地减少管、棒材试件通过线圈时的偏向和振动，需要调节进给装置的滚轮高度和动作机构等，以及摩擦滑动部位的润滑保养等。其他附加装置如喷标器的动作响应要与报警电路输出的触发信号相适应，磁饱和装置要适用于被检试件等。

2. **检测条件的选择与调整**

检测准备工作完毕之后，需要调节仪器，确定和选择检测条件（参数、状态），以采用外通过式线圈法的管、棒材自动检测为例，其检测条件的主要内容有：

（1）选择最佳激励频率

涡流检测的灵敏度在很大程度上依赖于激励频率，在涡流检测中，由于被检试件的材料性能和几何形状等是固定的，探头的选择也往往是有限的，因此激励频率往往成为唯一可以改变的参数。

激励频率的选择决定于检测对象，需要通过改变激励频率来满足检测条件，以获得良好的检测结果。例如，测量被检试件的直径变化，需要避免提离效应的影响；要有较高的灵敏度，就要求采用较高的检测频率；涡流探伤时要考虑透入深度和对表面及近表面缺陷的检测灵敏度，在激励频率的选择上就要予以兼顾考虑；等等。

激励频率通常依据下列因素进行选择：

①趋肤效应（透入深度）和检测灵敏度。由于有趋肤效应存在，被检试件中的涡流将趋于试件表面，要对试件表面下某一深度进行检测时，所选的激励频率应低于某一值。但是，降低激励频率会使线圈与试件之间的能量耦合效率降低，从而降低检测灵敏度。因此，在依据透入深度选择频率时，应兼顾检测灵敏度的要求。

激励频率可以根据特征频率参数计算选择，也可以利用"频率诺模图"确定，或者利用半无限大平面导体上的涡流透入深度公式计算，以及利用对比试样上人工缺陷的响应情况来确定。

检测灵敏度的确定与检测要求及使用的仪器有关。一般根据要求检测的缺陷大小，调节与之相适应的对比试件上人工缺陷指示的大小在指针式仪器上达到指示满刻度 $50\% \sim 60\%$ 的位置，或者对于阻抗平面型数字式仪器上的人工缺陷显示达到 $0°$ 或某一角度。这样既可以在量程上留有余量，又能保证读数的精确。

②检测因素的阻抗特性。利用检测因素对检测线圈阻抗的影响来选择激励频率的方法可分为三种：

a. 选择检测因素能使检测线圈产生最大阻抗变化时的激励频率。

b. 选取检测因素与其他干扰因素所引起检测线圈阻抗变化之间有最大相位差时的激励频率。这种选择方法适用于具有相位分析功能的检测设备，从而可以利用被检信号与干扰信号之间在相位上的差异，通过相敏技术抑制干扰信号，取得较好的检测效果。例如在探伤时需要抑制由于直径微量变化所引起的干扰，可以采用提取垂直于直径效应方面的分量来进行检测。

c. 利用对比试件上人工缺陷的响应情况来确定。例如在进行自动检测时，还应考虑到机械传动装置进给速度的影响。如果缺陷很短，而进给速度又很大，就必须选择较高的激励频率以提高检测灵敏度。

对于非铁磁性材料薄壁管材，可用经验公式计算选择激励频率：

$$F_0 = 4\rho/t^2$$

式中，F_0 为主激励频率，单位为 Hz；ρ 为材料的电阻率，单位为 $\mu\Omega \cdot cm$；t 为管材壁厚，单位为 in。

例题 4-1： 某不锈钢管材规格 $\Phi 22 \times 1.2$ mm，查得 ρ 为 $100\ \mu\Omega \cdot cm$，求主激励频率。

解：$1\ in = 25.4\ mm$，$t = (1.2/25.4)\ in$

$F_0 = 4\rho/t^2 = 4 \times 100/(1.2/25.4)^2 = 179211\ Hz \approx 180\ kHz$

对于其他材料，一般原则是根据阻抗图上的涡流信号曲线，找到由缺陷引起检测线圈阻抗变化最大处的频率，以及缺陷与干扰因素所引起检测线圈阻抗变化之间相位角最大处的频率，再综合考虑检测对象的壁厚或检测深度、电导率、磁导率、几何尺寸以及欲检出缺陷的大小等因素，选择适当的激励频率。在实际工作中，对不同尺寸试件的检测多已有了经验参数，只需对检测对象略做频率试验就可最后确定最佳激励频率。

（2）避免探头 - 电缆谐振

当使用高频（通常指高于 100 kHz）或者长电缆线（通常指大于 30 m）时，要注意避免发生探头 - 电缆谐振，大多数通用涡流检测仪器不能在谐振状态或者接近谐振状态下工作。产生探头 - 电缆谐振的原因是检测线圈有分布电容，探头电缆线也有分布电容，电缆线越长，分布电容越大，当电缆线太长或者频率足够高时，就可能发生并联谐振，即满足：

$$\omega L = 1/\omega C$$

式中，C 为线圈和电缆线分布电容的总和，单位为法拉（F）；L 为电感，单位为亨利（H）。

由该式可转换得到谐振频率 f_r：

$$f_r = 1/2\pi (LC)^{1/2}$$

当发生探头 - 电缆谐振时，涡流检测仪器中的电桥电路不再平衡，屏幕上显示阻抗平面的电抗 X 和阻抗 R 不再是正常的相互垂直的轨迹，从而将影响正常检测结果显示。

为了避免发生探头 - 电缆谐振，通常的做法是：

①选择激励频率在谐振频率以下（$f < 0.8f_r$）或以上（$f > 1.2f_r$），但是要注意在后者情况下会导致检测灵敏度大大下降，因为电缆的容抗将大幅度减小（$X_c = 1/\omega C$），以致电流将近似被电容短路而不能通过线圈。

②选用电感小的探头（例如减少线圈匝数），因为 f_r 正比于 $1/L^{1/2}$。

③缩短电缆线长度或者使用具有低分布电容的电缆线（如同轴电缆），可以提高谐振频率值，因为电容正比于电缆长度，而 f_r 正比于 $1/C^{1/2}$。

（3）检测条件的调整

①平衡电路的调节。这是指在采用对比试件的无缺陷部位（或标准试件）进行试验时，对平衡回路进行调节，使在检测空载或对试件无缺陷部位检测时，检测线圈的输出为零。

②相位角的确定。这是指采用同步检波进行相位分析的涡流检测仪中移相器的相位角确定。一般应该选取能够最有效地检出对比试件中人工缺陷的相位角。

相位角的选择方法有两种：

a. 选取把缺陷信号置于信噪比最大时的相位角。这种方法可以减小输出信号中因被检试件摇摆、振荡产生的噪声。

b. 选取能够区分并检测缺陷的种类和位置的相位角。这种方法必须兼顾到缺陷的检测效果和不同种类、不同位置缺陷的良好区分效果，例如在管材探伤时，内外表面裂纹位置的区分。

③滤波器的设定。这是指采用对比试件进行调试时，使人工缺陷能以最大信噪比被检出时滤波器的中心频率和频带宽度的设定。

④抑制器的设定。这是指从显示器或记录仪器中消除低电平噪声的调节。由于在相位角设定和滤波器调节时，抑制器必须置零，因此，抑制的调节应在上述操作之后进行。由于抑制作用，缺陷和缺陷信号的对应关系一般会发生变化（即破坏了两者之间的线性关系）。这一点在试验时应予以注意。

⑤其他附加装置的调节。在使用带有记录仪和缺陷标志器（喷标器）等附加装置的

涡流检测设备时，需要调节它们的响应灵敏度和驱动电平。记录仪的灵敏度通常调节在人工缺陷信号占满刻度的 50%～60%。用于报警的蜂鸣器、指示灯和缺陷标志器的驱动电平通常是根据检测验收标准要求所能允许的最大缺陷信号来决定，设定之前，应经过驱动试验。在对铁磁性材料进行涡流探伤需要采用磁饱和装置时，应恰当选择使被检试件达到磁饱和所需要的磁化电流值。这个电流值一般是根据磁通密度达到 80% 以上时被检试件的磁特性对探伤的影响以及被检试件的几何尺寸来选取，并用对比试件进行校验。

3. 检测结果及其处理

涡流检测准备工作就绪，检测条件选择合适之后，就可以对被检试件进行正式检验，实施检测操作。根据涡流检测仪器的结果显示以及记录器、报警器和缺陷标记器指示出来的缺陷，分选出带有缺陷的试件。

在检测完成后，需要做好以下工作：

（1）标记

根据检测结果，不同质量等级的被检试件必须分别涂上代表不同意义的各种字符或颜色标记。例如，合格、不合格或待复验；正品、次品及废品；未退磁或已退磁等。采用的标记方法应保证被检试件上的标记不容易被涂改、擦抹、混淆。

（2）记录与报告

检测结束后，需要根据技术标准、规范、合同等要求做好原始检测记录及签发检测报告，其内容通常主要有：检测日期；检测方法名称；被检试件的名称、型号、规格、尺寸及数量等，必要时还应有简单示意图；检测仪器的型号，检测线圈的形式（或探头型号）；检测条件，包括激励频率、检测灵敏度、相位角、滤波抑制、报警灵敏度、试件进给速度、探头旋转速度、磁饱和电流等；技术标准或验收标准编号，对比试件的型号及标准人工缺陷的形式和尺寸；检测结果，包括各种数据、图表（例如缺陷的简单示意图）以及验收结论等；责任人员签名及注明技术资格等级，包括操作者、报告校对及签发者、审核者等。此外，对检测中出现的事故、异常现象也要给予记录。

在检测过程中，需要每隔一定时间用对比试件对检测系统灵敏度进行校核（称为定期核查），例如每隔 1 小时、每隔 2 小时、每隔 4 小时或者一个工作班结束前对检测系统灵敏度进行校核，也可以按技术标准规定的定期核查时间间隔对其进行校核。

此外，在下列两种情况下也要求及时进行检测系统灵敏度校核和复验：

①怀疑仪器上出现的缺陷信号是否确由缺陷产生。

②检测条件（例如环境温度、电网电压、电磁干扰或者仪器本身参数等）发生了变化，使检测灵敏度受到影响，如果定期核查时发现检测系统灵敏度不符合规范要求，则自上次核查合格后所检测的全部被检试件都必须进行复验。

（3）退磁

被检试件在检测中如果经过磁饱和处理，完成检测后是否需要进行退磁是根据具体情况决定的。一般在下列几种情况下必须进行退磁：

①被检试件上的剩磁对该试件的后续加工有带来不良影响的可能性。

②该试件将用于摩擦部位或接近摩擦部位的产品。

③该试件上的剩磁将影响后续的试验或对邻近的电子仪器正常工作有影响。

4.3　涡流探伤

4.3.1　金属管材的涡流探伤

金属管材有无缝管和焊接管两大类。

无缝管的化学成分、物理性能和几何形状都必须是连续的、单纯的和均匀的。如果这三方面存在不足或者受到破坏,该金属材料即为有缺陷材料。为了确保无缝管材的生产质量,及时检测并区分出低劣的产品,许多生产厂家最常采用的是自动化涡流探伤设备在线监控或作为出厂检验手段(离线检测)。

无缝管材的制造过程是先将钢锭经过开坯锻造成圆管毛坯,将圆管毛坯经穿孔机或挤压机反复热挤压加工成一定外径和壁厚的毛坯管,再经轧管机多次反复热挤压,压延成各种直径、壁厚形状,小直径管和薄壁管,还要进行反复的冷挤压或冷轧达到尺寸精度,最后经退火热处理,最后达到一定规格产品的直径和壁厚。

无缝管的常见自然缺陷有:

(1) 折叠

折叠主要是锻造管坯后未将存在的锻造折叠打磨清除干净,以至在后续的轧制管材时继续扩展,以及管坯轧制过程中由于轧辊缺陷造成管材上的折叠缺陷。折叠缺陷的特点是从管材表面斜向深入管体,在管材轴向成直线或弧线状。

(2) 翘皮

翘皮是轧制工艺不良、轧辊缺陷等导致在管材表面形成的片条状或块状"贴皮"。翘皮的特点是与管材本体只是机械贴合,往往能够被撬起脱离。

(3) 裂纹

通常由材质不良、加热不当、锻造或轧制施加应力不当、内应力、热处理不当或皮下气泡暴露于表面等多种因素造成,包括沿管材轴向的纵裂和沿管材周向的横裂。

(4) 夹渣

冶炼时带入钢锭中的炉渣或耐火材料,经过锻造管坯、轧制管材的工艺过程,留在管材内部多呈分层形状,表面的夹渣或氧化皮在轧制管材或后续热处理工序中脱落则形成麻点或凹坑。

(5) 直道缺陷

管材内外表面呈纵向的凹陷或凸起,很短的凸起则称为结疤,这与轧辊表面质量有关。

(6) 压痕(凹坑) 与划痕

这与轧辊表面质量、轧机导板以及在管材轧制完成后的运输过程中保护不当都有关。

涡流检测前,必须清除管材表面上的金属屑、氧化皮、油脂等黏附物,特别是磁性黏附物,以免对检测造成干扰,影响检测结果。对挠曲程度较严重的被检管材需要进行校直处理(如先经过校直装置再进入检测的环形线圈),防止管材末端通过线圈时损坏线圈，也避免管材偏离线圈中心产生圆周方向不同部位对线圈的距离不同而产生不同的提离效应造成干扰。

管材缺陷的可检出性决定于检测线圈在管材上产生的涡流密度以及涡流方向与缺陷延伸方向的垂直程度。因此，管材涡流探伤工艺中很重要的因素是检测线圈（探头）形式的选择、填充系数的选择、激励频率的选择、对比试件人工缺陷的制作、检测线圈扫查间距的选择及其传送速度与稳定性的控制等。

涡流探头性能的好坏与检测的灵敏度、检测结果的可靠性密切相关。在管材上形成的涡流方向和分布与检测灵敏度密切相关，为了获取较高的检测灵敏度，必须尽可能使涡流方向垂直于缺陷延伸方向。管材探伤可以采用多种形式的涡流探头，例如穿过式、平面组合式、阵列式和旋转探头等。

穿过式线圈在电和机械结构上一般都比较简单，线圈形状为环形，与管材圆截面形状吻合，容易实现高速进给以提高效率，并且穿过式线圈对管材表面和近表面缺陷有较好的响应。但是，采用穿过式线圈法时，在管材上形成的涡流是沿管材圆周方向流动的，对管材的周向裂纹不敏感。此外，如果管材直径过大，则被检试件的体积增大，而缺陷体积和面积在整个被检区域中占据的比率很小时，检测灵敏度将显著降低。因此，外径较大的管材一般不宜采用穿过式线圈法检测。无缝管的生产在线监控或出厂检验通常采用填充系数合适的外通过式线圈法检测外径 75 mm（也有资料提出 70 mm、50 mm）以下的管材，对于外径超过 75 mm（也有资料提出 70 mm、50 mm）的管材或要求检测管材周向缺陷时，则适合采用平面组合式探头或旋转探头（由多个探头式线圈组合）。

采用外通过式线圈法检测时，应注意填充系数的取值，线圈与管材之间的间隙应尽量小，填充系数太小则检测灵敏度较低，填充系数太大则由于管材规格尺寸的不规范和进给时难以避免的跳动等容易因管材与线圈发生摩擦而导致线圈损坏。通常的选择是使线圈的内径略大于管材外径，以使稍不规则（椭圆度、挠度等）的管材能顺利通过，一般要求填充系数达到 60% 以上。在采用内通过式探头检测管材时，通常取耦合间隙为 1/2 的壁厚。

此外，线圈的几何尺寸对检测灵敏度和分辨力具有很大的影响。一般来说，线圈越长，检测灵敏度越高，但是分辨力则相对较低。在分辨力和信号幅度之间最好的选择是使线圈的长度和厚度等于缺陷的厚度（在管材壁厚中的径向高度，亦称缺陷深度）。然而实际缺陷的厚度是无法预测的，因此，线圈的长度和厚度一般取约等于管材壁厚的值。对于差动式探头，两个线圈之间的间距也应该约等于管材壁厚。

采用平面组合式探头或旋转探头时，也同样要注意探头与管材之间的距离要合适，类似于外通过式线圈法检测的填充系数要求。

激励频率的选择一般要求满足以下条件：

①缺陷信号和其他非相关信号之间要有足够的相位差，以便于进行相位鉴别。

②管材内壁缺陷和外壁缺陷之间也要有相当的相位差，以便于分清内外壁缺陷。

根据实践经验和从管壁厚与趋肤深度一定的比例推导证明，填充系数高以及内外壁缺陷信号之间产生 90° 的相位差时，对内外壁缺陷都有较高的检测灵敏度。

管材开始进行涡流检测前，需要按照技术标准规定使用被检管材制备的对比试件。

　　利用对比试件调整检测灵敏度时，应注意转动对比试件使对比试件上的人工缺陷处在不同位置上（如上、下、左、右）进行测试，目的是确认对比试件位于线圈中心，保证各方向上的检测灵敏度尽可能一致。在合适的激励频率下，将对比试件上通孔缺陷的涡流响应信号的相位角设定为40°时，被检测管材内壁缺陷响应信号相位角的范围一般为0°～40°，外壁缺陷响应信号相位角的范围一般为40°～180°。

　　金属管材涡流探伤的基本检测设备包括涡流探头（检测线圈）和涡流探伤仪。一般选用带有报警功能的探伤仪，最好选用多通道涡流探伤仪（特别是旋转探头由多个探头式线圈组合，必须使用多通道探伤仪），也可根据实际情况选择双通道或者单通道涡流探伤仪。此外，还应根据需要配备自动化检测设备系统所需的机械装置、自动标记装置、磁饱和装置等。

　　对于穿过式线圈法检测，探头和管材的相对运动方式一般是线圈固定，管材推进。采用探头式线圈（旋转探头）检测管材时的探头和试件相对运动方式有多种，包括管材推进，探头绕管旋转，形成螺旋线扫查（使用旋转探头时的电和机械设备较复杂）；管材旋转推进，探头固定不动，同样形成螺旋线扫查；管材推进，探头不动，形成直线扫查（适用于如高频焊直缝管的焊缝区检查）。

　　无论哪种相对运动方式，都要注意检测线圈扫查间距的选择、传送速度与稳定性的控制。检测线圈的有效检测范围是一定的，管材长度又远远超过线圈宽度，必须注意每次的相对步进或者连续进给速度都要保证有效检测范围的覆盖，因此，必须有扫查间距的控制，并且机械装置运行要稳定，以避免漏检。

　　使用多通道旋转探头的自动化涡流探伤系统时，为了设置适当的扫查间距，管材直线传送速度 V、周向旋转速度 W、探头直径 D、探头数量 n 之间一般有下述关系：

$$V/W \leqslant 2nD$$

式中，V 是指管材直线传送速度，单位为 m/s；W 是指周向旋转速度，单位为 r/s，即转/秒；D 是指探头直径，单位为 m；n 是指探头数量（通道数）。

　　例题4-2： 使用某管材自动化涡流探伤系统检测无缝钢管，系统采用四通道旋转点式探头，探头直径为20 mm，最大周向旋转速度可达到2 r/s，为了不致漏检，在调试该系统的管材直线传送速度时，最大直线传送速度可设置为多少？

　　解：根据 $V/W \leqslant 2nD$，管材周向旋转速度 $W = 2$ r/s，探头直径 $D = 0.02$ m，探头数量 $n = 4$，因此，管材直线传送速度最大可设置为 $V = 2nDW = 2 \times 4 \times 0.02 \times 2 = 0.32$ m/s。

　　例题4-3： 使用某管材自动化涡流探伤系统检测无缝钢管，系统采用8通道旋转点式探头，探头直径为10 mm，最大周向旋转速度可达到5 r/s，为了不致漏检，在调试该系统的管材直线传送速度时，最大直线传送速度可设置为多少？

　　解：根据 $V/W \leqslant 2nD$，管材周向旋转速度 $W = 5$ r/s，探头直径 $D = 0.01$ m，探头数量 $n = 8$，因此，管材直线传送速度最大可设置为 $V = 2nDW = 2 \times 8 \times 0.01 \times 5 = 0.8$ m/s。

自动化涡流探伤系统中的机械装置一般包括上料机构、进给机构、速度控制系统（如可控硅调速以自动调节进给速度）、控制系统（如光电控制自动上料进给、自动分选下料、自动停车）和分选下料机构等。

管材通过上料机构到达进给机构，由驱动轮等速同心地送入并通过检测线圈，管材传动过程应均匀平稳，无打滑、跳动和冲击现象，不会损坏线圈，进给机构具有滚轮高度调节的功能，使被检管材与检测线圈保持同轴、同心，以减小检测中出现的各种干扰效应。

检测线圈拾取管材上的缺陷信号，然后根据检测结果由分选下料机构将管材按质量分选为合格品、次品和废品（也可以二档分选），并分别送入各自对应的料槽。

涡流探伤仪上应具有头尾信号自动切除（消除末端效应）和缺陷信号记忆延迟（供标记）等自动化功能，以便与自动记录及缺陷部位自动标记的设备配合。

对于铁磁性材料的管材检测，采取适当的磁饱和处理时，磁饱和处理的电流不宜过强，以免管材推进的阻力过大而影响通过，一般可按该种铁磁性材料磁饱和值的 80% 来考虑。

焊接管是将金属板材或带材经变形（绕卷或直卷）加工成管状，在结合部位焊接成形（称为螺旋焊管、直缝焊管）。

焊接管常见的自然缺陷除了金属板材或带材可能带有的分层、裂纹等以外，主要是焊缝中的夹渣、裂纹、气孔、焊接不良引起的表面裂纹、未熔合、未焊透等。

焊接管在线涡流探伤时，由于焊接过程中焊缝很难在周向上保持唯一的方位，通常都会发生偏转，严重时甚至能超过 180°，虽然焊管的直径通常都大于 50 mm，但是探伤的目的主要是发现焊缝中的缺陷，对于直缝焊管，可以考虑采用穿过式线圈法检测，其优点是无论焊缝在周向上偏向角度多大，都能可靠地检测出沿管材轴向延伸的裂纹、未熔合、未焊透等，缺点是对焊缝中的点状缺陷（如夹渣、气孔，以及横向裂纹）容易漏检。对于直缝焊管和螺旋焊管的焊缝检测，理想的方法是采用平面组合式探头，但必须高度注意采用适当的方法使扫描轨迹严格跟踪（例如视频跟踪、机械跟踪）焊缝，以保证检测的可靠性。

4.3.2　热交换器管道的涡流探伤

最普遍应用内通过式探头进行涡流检测的是在役金属管道，主要是因为这些管道多已固定安装在机械设备结构中，难以使用外通过式探头进行检测，而且这些管道在使用中最常出现的缺陷是内壁腐蚀、磨损、疲劳裂纹等。

内通过式探头法涡流检测最典型的应用对象是热交换器（俗称换热器）和大型制冷系统的冷凝器管道。

换热器主要用于石油、化工、电力、供热等各种生产过程中不同介质之间的热量交换，例如电厂锅炉产生的高温高压蒸汽推动汽轮机旋转后进入换热器，将余热传给将要进入锅炉加热的水，以达到节能目的。制冷系统的冷凝器主要应用在酒店、医院、商业大厦、地铁、戏院等场所的中央空调冷气系统。

换热器最常用的结构为管壳式，如图 4-1 所示。换热器中的小管通过的是高温蒸汽，小管周围是待预热的冷水，通过金属管壁的传热实现热交换。

（a）典型换热器端部的管板结构

（b）典型换热器打开管壳见到的管道和支撑板

图4-1　典型换热器的结构

换热器管道长期在高温高压状态下工作，受到腐蚀、振动、磨损、挤压等多种外部因素的影响，容易损伤而发生泄漏，从而引起运行安全事故。换热器管道最常出现的缺陷有疲劳裂纹、应力腐蚀裂纹、应力腐蚀疲劳裂纹和腐蚀（包括蚀坑、孔蚀、冲蚀等造成的壁厚减薄，严重时即导致蚀穿）。因此，换热器管道的役前和在役检查是确保换热器安全运行的重要环节。

常用的换热金属管包括铁磁性的碳钢和合金钢钢管（锅炉中应用最多）以及非铁磁性的金属管，例如，中央空调机冷凝器中最常用到的有不锈钢管、因康镍管、纯紫铜管、镍铜合金管、铝铜合金（亦称海军铜）管、钛合金管等。

换热器管道的涡流检测受设备结构支撑板、管板、凹痕、磁性沉积物、探头摆动以及管子内径不匀引起噪声等多种干扰因素的影响，需要应用多频/多参数涡流检测技术。一般选用具有相敏检波的便携式多频涡流检测仪和柔性良好的内通过式差动探头（探头的填充系数要求在80%～90%之间，管道较长时还需要采用探头推拔器）。在实施多频涡流检测时，需要利用混频技术来消除管板干扰信号，即同时以2个或2个以上的工作频率进行检测，通过调整不同激励频率的涡流对结构支撑隔板产生响应信号，再经过混频通道使来自不同通道的支撑隔板响应信号叠加抵消，从而消除支撑隔板的响应信号，达到提取缺陷信号的目的。

在实施涡流检测时，最常采用管板图来表示施工计划以及在探伤报告中显示检测结果，如图4-2所示。

图4-2中的管子排布截面按实际热交换器的排列方式排列，图中深灰色的管子表示没有发现缺陷，其他颜色表示发现了不同程度的缺陷，具体色标要参照相应技术标准的规定。

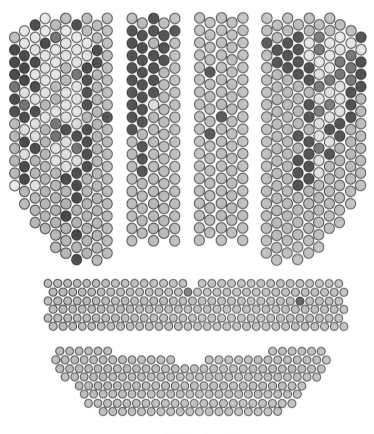

图4-2　换热器典型管板图

图4-3所示为中央空调机冷凝器管道涡流探伤的现场照片，探伤人员使用了电动探头推拔器输送涡流探头。

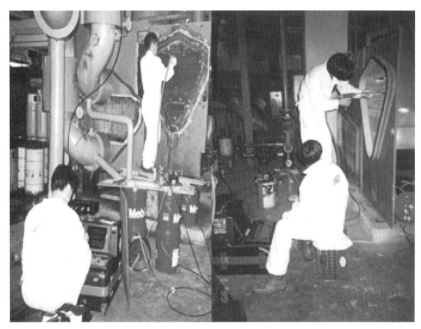

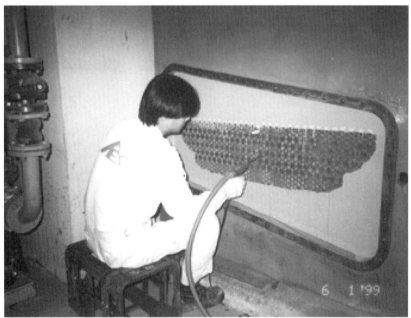

图4-3 中央空调机冷凝器管道涡流探伤现场照片

图4-4至图4-12所示为部分在役管道缺陷的实物照片。

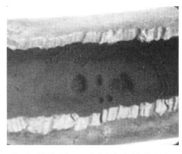

（a）发生多处麻坑的氢腐蚀 　　　　　（b）停炉处理不当导致的腐蚀坑

（c）垢下腐蚀坑 　　　　　　　（d）内螺旋管壁腐蚀坑

图 4 - 4　锅炉管道的内壁腐蚀
（厦门涡流检测技术研究所）

图 4 - 5　锅炉水冷壁管内壁腐蚀
（图片由池永斌提供）

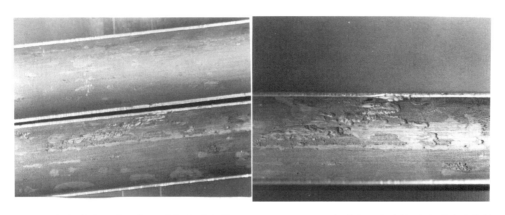

图 4 – 6　铝铜合金（海军铜）空调机冷凝管 Φ 25.4 × 1.25 mm 内壁大面积腐蚀（水质含硫化物）

图 4 – 7　铝铜合金（海军铜）空调机冷凝管 Φ 14.2 × 1.0 mm 偏芯腐蚀（电化学腐蚀）

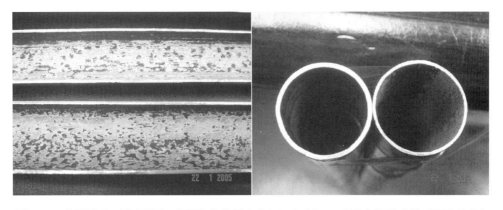

图 4 – 8　铝铜合金（海军铜）空调机冷凝管 Φ 25.4 × 1.25 mm 内壁大面积腐蚀（泥沙冲蚀）

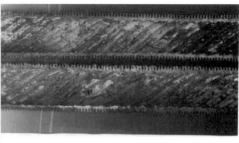

典型的腐蚀坑点（受氯离子、氯化物侵蚀）
Chloride & Chlroine

图 4 – 9　镍铜合金外翅片空调机冷凝管内螺纹腐蚀坑（地下水高浓度氯离子水质腐蚀）

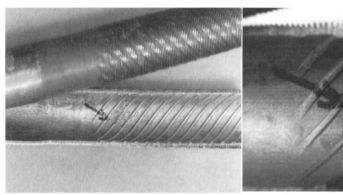
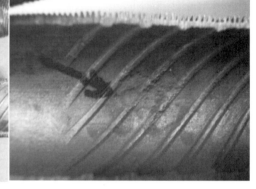

图 4 – 10　镍铜合金外翅片空调机冷凝管 Φ 19 × 1.5 mm 内螺纹点腐蚀（海水腐蚀）

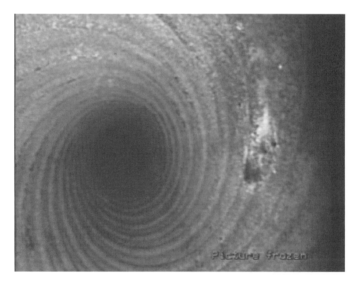

图 4 – 11　空调机冷凝器管内的块状腐蚀
（内窥镜观察照片）

（a）换热器列管均匀腐蚀减薄（左为腐蚀管，右为正常管）

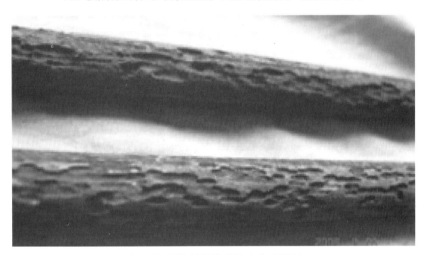

（b）换热器列管外壁蜂窝状腐蚀坑

（c）换热器列管外壁腐蚀

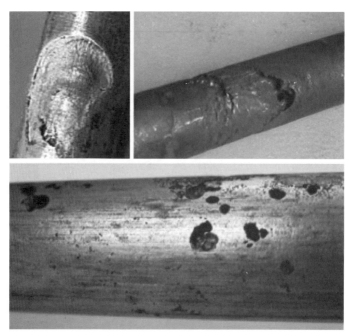

（d）换热器列管外壁腐蚀坑

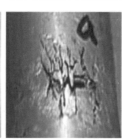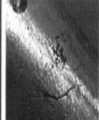

（e）换热器列管应力腐蚀裂纹

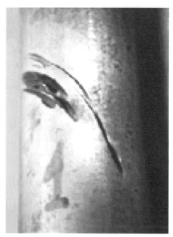

（f）换热器列管役前原始损伤

图4-12　化工装置关键换热器列管缺陷

（云南云天化无损检测有限公司）

4.3.3 棒材、线材、丝材的涡流探伤

对表面质量要求较高的棒材、线材和丝材（例如用于制造轴承滚柱、弹簧等），也广泛应用到涡流探伤。

批量的棒材、线材和丝材的涡流探伤，可采用与金属管材相类似的外通过式线圈法的自动化涡流检测装置。

棒材通常由坯材轧制而成，试件的缺陷可能是坯材本身存在的缺陷，也可能是轧制加工过程中造成的。缺陷的产生原因不同，它们的种类和形状也不同，涡流检测的效果也有差别。

棒材的涡流探伤一般采用外通过式线圈，但若棒材直径较大，则应改用平面组合探头或旋转探头。棒材表面一般比较粗糙，所以应选择对棒材表面轻微凹凸不太敏感的线圈。棒材探伤中的端头、端尾效应主要取决于棒材的直径和进给速度，检测时应根据具体情况预先确定端头、端尾检测不到的长度。

棒材中的涡流分布与管材不一样，透入深度更小，为了使被检材料达到良好的检测状况，提高检测灵敏度，选择的激励频率一般要比管材低。同时，铁磁性材料的棒材采用直流磁化达到磁饱和比管材困难得多。因为即便棒材直径比管材直径小，其截面积也不一定小于管材的截面积，因此，要达到可以较好地进行检测的磁饱和程度，则需要较大的励磁电流。例如，要使直径为 $3 \sim 8$ mm 的钢棒达到磁饱和，就需要约为 1500 T 的磁感应强度。

金属线材和丝材的涡流探伤有其自身的特点，因为线材和丝材是采用拉制工艺生产的，长度很长，直径一般很小（例如线材直径通常为数毫米，而丝材直径通常为 $0.025 \sim 1$ mm），而且最后是成卷包扎，不方便单独标记缺陷，因此，一般采用单位长度内的缺陷数量统计方式来评价线材和丝材的质量。例如，用数字记录器记录每 10 m 或 100 m 线材和丝材上的缺陷数目以及每 10 m 或 100 m 线材和丝材上缺陷的总长度，然后根据缺陷的数量、总长度和缺陷分布情况，划分线材和丝材的质量等级以及对缺陷的成因进行分析。

金属丝材涡流自动化检测的激励频率较高（一般所选用的激励频率可以高达十兆赫兹，乃至上百兆赫兹）。为了保证在长期检测过程中外通过式线圈的内孔（导孔）不易磨损，并保证丝材与检测线圈的同心度，需要采用耐磨材料（常用红宝石等级的耐磨材料）制成导孔，将检测线圈架在两个导孔之间，让细线穿过导孔和线圈进行检测。金属丝材的传动设备要有恒张力的卷丝装置，防止在检测中拉断丝材。

实例 4-1： 油回火弹簧钢丝的在线涡流自动化探伤（源自宝钢集团上海二钢有限公司杨振涛）

油淬火 - 回火弹簧钢丝属于低合金钢，导电性能良好，作为生产弹簧的原料，对钢丝表面及亚表面的质量要求非常高，对缺陷的深度控制严格，而且经过淬回火热处理后，钢丝具有弹直性，对经过连续热处理后的钢丝采用在线涡流自动化探伤，既可以对钢丝质量进行在线控制，又提高了生产效率，节约了人力和能源。

采用旋转式和穿过式组合探伤设备进行在线探伤。整套设备包括：在检测线圈前后两端的 2 套消磁装置、钢丝矫直定位器、带有油气润滑装置的旋转探头、穿过式探头、2 套着色标记装置及 I/O 电气设备柜和带 DS2000 操作软件的电脑控制柜。

在线涡流探伤需要针对被检测线材的直径选择合适的探头直径和相应尺寸的导套。在线探伤时，不仅要保证探头自身的正常运转，而且要和生产线的动静态相互匹配。例如：

固定在探头前的矫直器用于矫直钢丝和起定位作用，如果矫直过紧，虽然涡流探伤效果较好，但是增加了传送阻力，给热处理线上钢丝的正常运行带来一定影响；矫直过松则会增加钢丝的振动，影响其同心度，最终影响涡流探伤的效果。

在线探伤状态下，涡流探伤仪的 I/O 电气控制部分也与生产线紧密相连，若在热处理线上的加热器未开启，探伤仪就不能正常工作。如果涡流探伤仪出现电气故障导致探伤段停车，将会引起停留在加热炉内的钢丝发生过热甚至脆断，从而破坏整盘钢丝的质量连续性。

在进行探伤前，应按实际探伤要求，合理地调整各类技术参数。油淬火－回火生产线的线速度一般为 20～90 m/min，该在线涡流探伤系统的旋转头中使用的是 2 个偏置 180°的点探头，为了保证不漏检测，将旋转头的转速设定为 8～12 km/min，激励频率为 3 MHz，穿过式线圈的激励频率则为 60 kHz。

采用与被检测钢丝相同材质、相近直径的实际钢丝进行人工刻伤（按验收标准规定深度的纵伤、横伤、点伤）作为对比试件，用于调整探头和仪器。在手动状态下，用对比试件对旋转式探头和穿过式探头进行校准，最后确定相应的灵敏度并加以记录，设定好报警电平，然后即可在在线状态下实施涡流探伤。

4.3.4 零件和结构件的原位涡流检测

在用零件和结构件的原位涡流检测一般选用频率可调的便携式多频涡流检测仪和适合检测部位的放置式线圈（俗称点探头）。

实例 4-2：飞机轮毂疲劳裂纹的涡流检测

在飞机降落时，飞机的轮子承受巨大的冲击力，容易在轮毂（一般由铝合金材料经压铸或锻造制成，）上产生疲劳裂纹，通常要求飞机经过一定的起落次数后卸下机轮并取下轮胎后对轮毂进行涡流检测。

图 4-13 所示为飞机轮子着陆瞬间的照片。

图 4-14 所示为在役飞机机轮取下轮胎后的轮毂照片。

图 4-15 所示为轮毂上容易出现疲劳裂纹的位置。在民航维修系统通常使用直径很小的放置式探头沿圆周方向和轴向手工扫查，可以检测轮毂体和轮毂边缘凸边 R 处的疲劳裂纹。

图 4 – 13　飞机轮子着陆瞬间

（图片源自 http://image.so.com）

图 4 – 14　在役飞机机轮的各种轮毂

（图片源自 www.CARNOC.com）

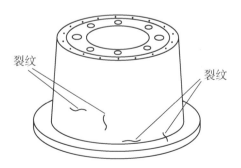

图 4 – 15　飞机铝合金轮毂疲劳裂纹示例

图 4 – 16 所示为飞机铝合金轮毂安装螺孔旁边的疲劳裂纹经涡流检测发现后，用荧光渗透检测得到的迹痕显示照片。

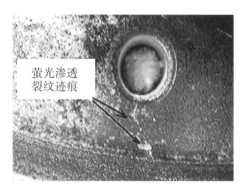

萤光渗透
裂纹迹痕

图 4 – 16　飞机铝合金轮毂安装螺孔旁边的疲劳裂纹
(图片源自国航工程技术分公司天津维修基地质量管理部刘海龙)

图 4 – 17 为英国 ETher NDE VeeScan 公司的飞机铝合金轮毂自动化涡流检测设备示意图。轮毂扣放在检测平台上，平台中间有可旋转升降的支撑托盘，由托盘转动带动轮毂恒速旋转上升，固定在探头支架上的放置式探头相对于轮毂从上到下移动，形成螺旋线扫查，从而检查整个轮毂表面。

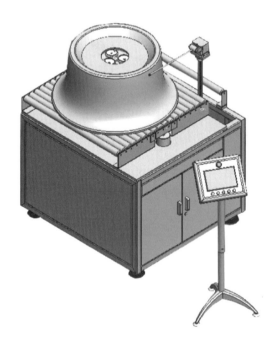

图 4 – 17　英国 ETher NDE VeeScan 公司的飞机轮毂自动化涡流探伤设备

实例 4 – 3：飞机轮毂螺栓螺纹根部疲劳裂纹的涡流检测

图 4 – 18 所示为美国 UniWest 公司检测飞机轮毂固定螺栓螺纹根部疲劳裂纹的自动

化涡流检测装置。与螺纹截面沟槽形状吻合的 V 形探头插入螺纹沟槽，驱动装置带动螺栓转动，V 形探头沿螺纹沟槽扫查。

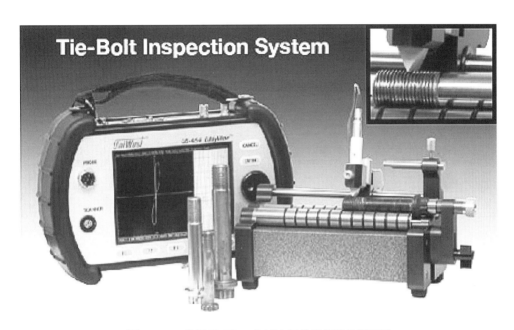

图 4-18　美国 UniWest 公司飞机轮毂螺栓检测系统

实例 4-4：飞机结构件螺栓孔边缘裂纹的涡流检测

图 4-19 为使用点式平探头手工检测螺栓孔边缘裂纹示意图。探头沿孔圆周边缘扫查。

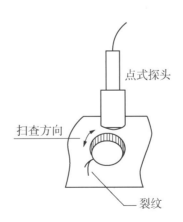

点式探头

扫查方向

裂纹

图 4-19　点式探头检测螺栓孔边缘裂纹

实例 4-5：电厂汽轮机或飞机涡轮喷气发动机叶片榫槽根部裂纹的涡流检测

图 4-20 为使用点式探头手工检测叶片榫槽根部裂纹的示意图。与榫槽截面形状吻合的 U 形探头插入榫槽，沿榫槽直线扫查，每次检查一个榫槽。

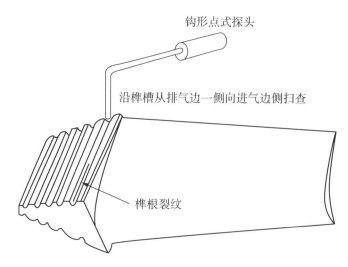

钩形点式探头

沿榫槽从排气边一侧向进气边侧扫查

榫根裂纹

图 4 - 20　点式探头检测叶片榫槽根部裂纹

实例 4 - 6：柱形齿轮热处理质量的涡流检测

图 4 - 21 所示为使用外通过式线圈检测柱形齿轮的热处理质量。如果齿轮的热处理质量是均匀合格的，那么得到的涡流信号也是一定的；当出现齿尖脱碳、齿体显微组织不均匀等状态时，将导致电导率、磁导率发生变化，使得到的涡流信号也发生变化。

图 4 - 21　使用外通过式线圈检测齿轮的热处理质量
（图片源自 www.mat - test.com）

实例 4 - 7：螺孔内螺纹缺陷的涡流检测

图 4 - 22 为使用内通过式探头检测螺孔内螺纹缺陷示意图。内通过式放置式探头安装在插杆端部，插杆直径与螺孔匹配，在插入过程中，如果螺纹里存在缺陷（如错牙、螺纹塌陷或崩裂、螺纹根部裂纹等），将获得可供判断的涡流信号。

图4-22 使用内通过式点探头检测螺孔内的螺纹缺陷

（图片源自 www.mat-test.com）

实例4-8： 电厂汽轮机叶片槽裂纹的涡流检测

某电厂国外生产的汽轮机转子叶片槽，在运行若干年后，经涡流检测发现其中有一个槽有可疑缺陷信号，用肉眼和低倍数放大镜在这个位置却无法看见任何裂纹，用印泥拓印金相方法也没有看到裂纹，再用渗透检测也没有发现裂纹，因转子是非导磁材料，无法做磁粉检测验证，而且转子的形状复杂（见图4-23和图4-24），也难以通过超声检测和射线检测判断是否存在裂纹缺陷。

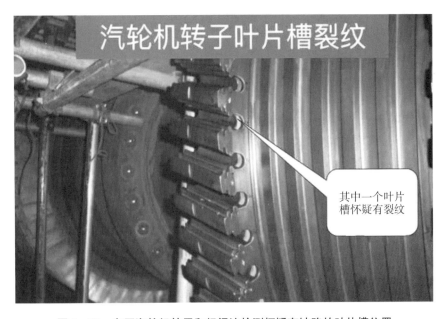

图4-23 电厂汽轮机转子和经涡流检测怀疑有缺陷的叶片槽位置

图 4 - 24 叶片槽经涡流检测怀疑有裂纹缺陷的位置

为了确认是否存在裂纹缺陷，进行了涡流检测复验，检测条件如下。

仪器：国产爱德森（厦门）电子有限公司的 EEC - 39RFT 型智能全数字 4 频 8 通道远场涡流探伤仪。

探头：笔式放置式探头。

显示方法：阻抗平面图。

被检材料：非导磁的合金钢（具体材料牌号不明）。

对比试块：因无法确知转子的材料牌号，只能采用不锈钢试块 0.2 mm、0.5 mm、1.0 mm 刻槽做对比。

灵敏度：1.0 mm 深刻槽信号调整到 80% FSH。

试块刻槽信号显示如图 4 - 25 所示。

值得注意的是，在这个叶片槽转角位置会有个边缘的"转角效应"干扰涡流信号，对比每一个相同的转角都会有这样的信号，再加上空间有限，很难操作，很容易将其误判成缺陷（见图 4 - 25 右上图）。

通过细心地保持同一手势小心扫查可以发现有缺陷与没有缺陷的信号有明显的差异（见图 4 - 25 左上图），从而确认该叶片槽转角处有一个近表面的小裂纹。前面直接用肉眼和低倍数放大镜观察、印泥拓印金相方法以及渗透检测都无法看见任何裂纹，有可能是该位置被油污堵塞所致，对此位置的表面稍微打磨抛光，适当做金相腐蚀，然后再做印泥拓印金相，就发现了一条 5 mm 长的裂纹（见图 4 - 26）。

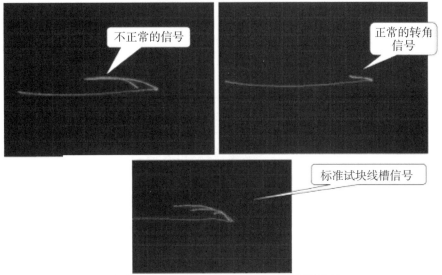

图 4 – 25　涡流探伤仪上的屏幕显示

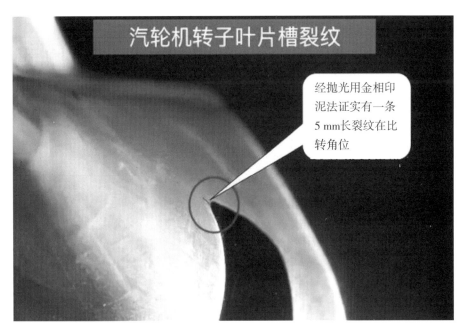

图 4 – 26　叶片槽转角位置的微细裂纹

实例 4 – 9： 带漆层焊缝的涡流探伤（本例来源于北京嘉盛智检科技有限公司的广告资料）

图 4 - 27 所示为使用点式涡流探头手工检测焊缝的现场照片。

图 4 - 27　使用点式涡流探头手工检测焊缝

使用焊缝涡流探伤的效果会受到焊缝表面不同厚度漆层的影响。首先使用德国罗曼 M3 焊缝涡流探伤仪配备的 LAB - 10 焊缝漆层评价探头（直径 11 mm，工作频率 3 kHz ～ 500 kHz，可用于评价焊缝油漆厚度和焊缝状况）在 TP11.02.1 焊缝漆层标定试块（模拟厚度达 0.5 mm/1.0 mm/1.5 mm/2 mm）上标定焊缝油漆厚度，如图 4 - 28 所示。

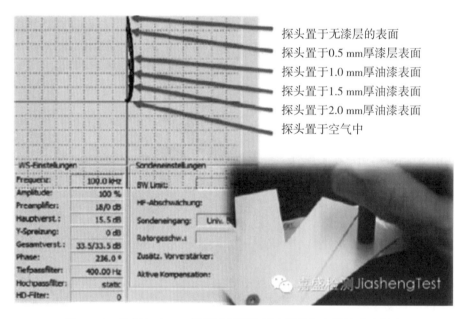

探头置于无漆层的表面
探头置于0.5 mm厚漆层表面
探头置于1.0 mm厚油漆表面
探头置于1.5 mm厚油漆表面
探头置于2.0 mm厚油漆表面
探头置于空气中

图 4 - 28　使用 LAB - 10 焊缝漆层评价探头评价标定焊缝油漆厚度

对油漆厚度进行评估后，再用 BAL73 - 1 焊缝探头（直径 16 mm，工作频率 100 kHz ～ 1 MHz，头部曲率半径 8 mm）或 BAL - 1H - 161 焊缝探头（直径 12 mm，工作频率 100 kHz ～ 1 MHz，头部曲率半径 6 mm）在 TP168 焊缝试块上调整好灵敏度，即可进行探伤，BAL 探头能够有效抑制焊缝粗糙表面的噪声，将提离信号抑制到最小，图 4 – 29 所示为在无缺陷焊缝上检测到的噪声信号。

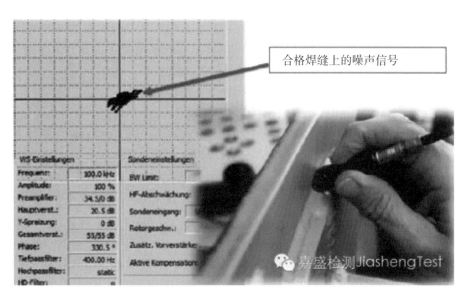

图 4 – 29　在无缺陷焊缝上检测到的噪声信号

图 4 – 30 所示为在焊缝上检测到的缺陷信号。

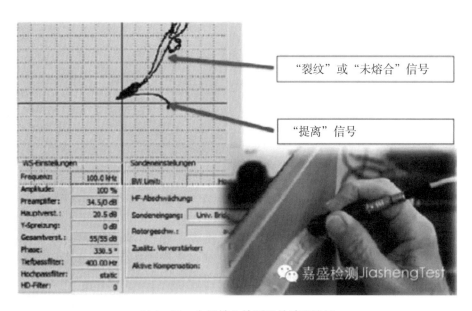

图 4 – 30　在焊缝上检测到的缺陷信号

实例 4 – 10： 地铁高压电缆检测

某地铁公司的 1500 V 直流高压电缆（contact cable）发生了断缆事故，要求对在役的高压电缆进行无损检测以消除隐患。这种高压电缆用纯紫铜材料轧制而成，其截面形状如图 4-31 所示。

用超声波检测试验，发现接触面太小，形状不规则，声波衰减大，而且在地铁现场要进行仰探，无法将耦合液涂上去保证良好的耦合，因此只能放弃超声检测方法。

对于这种高纯铜材料制成的电缆，其电导率很高，当电缆中有正在扩展的裂纹时，该位置会出现电缆局部组织硬化，也会导致电缆局部表面的电导率发生明显变化，涡流检测对电导率变化最敏感，可以通过检测电导率来间接地找出裂纹。因此，决定采用涡流检测方法。

高压电缆是用吊挂夹悬挂在半空并有专用的电缆接头夹，利用地铁车厢上方弹簧支架撑起的碳刷与电缆接触，导出电流给运动中的地铁车辆用电装置。电缆上的缺陷一般出现在碳刷接触的均匀平面位置（电缆底面中心位置）。涡流检测的探头必须避开吊挂夹和电缆接头夹，因而只能在电缆下面有限制性地进行探伤，无法使用穿过式线圈探头。

图 4-31 中右为新电缆，左为真实使用过的电缆，从中可以看到原来的圆弧底面已经随着使用时间的增加，在碳刷的摩擦下逐渐磨平减薄成为平底，电缆两侧还有积碳层阻挡。

图 4-31　1500 V 直流高压电缆截面形状（左为使用过的电缆，右为新电缆）

为此，设计放置式探头，采用尼龙块加工成长方形，上侧做成开口凹槽，槽底是 12 mm 宽的平底（略大于电缆的宽度），以便使新装上去的磨损少的电缆和使用很长时间的磨损多的电缆都能保证探头全接触在电缆底面中心的位置上。

在尼龙块中心位置钻两个直径为 3.2 mm 的孔，前后间隔 4 mm，分别装入两个用直径 1 mm 磁棒绕成直径 3 mm 的线圈，差动式连接，尼龙块背面钻一个大孔引出线圈引线并装上接线插座，方便用探头连接电缆连接仪器。制作完成后，用泥胶灌注填平，为了防止探头磨损，在槽底的前后端嵌入两块不锈钢片（见图 4-32）。

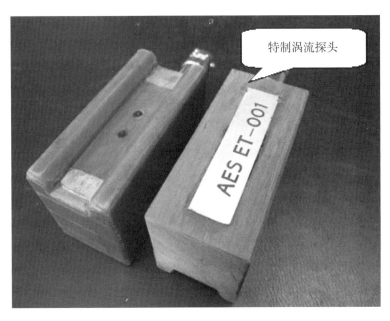

图4－32　特制的高压电缆涡流探头

采用实际使用过的高压电缆制作校验试块，在其表面用电火花线切割几条不同深度的线槽，深度分别是0.2 mm、0.5 mm和1.0 mm（见图4－33）。

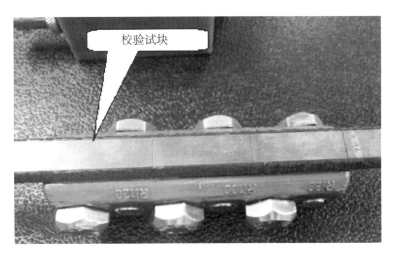

图4－33　特制的校验试块

使用爱德森（厦门）电子有限公司的EEC－39RFT型涡流探伤仪和特制探头进行现场检测时，是乘坐用蓄电池驱动的高压电缆维修工程车，站在高压电缆维修工程车上层的平台上，被检电缆在上方稍高，用双手托住探头接触电缆，工程车开动形成"自动扫描"形式的检测，通过对讲机与工程车司机配合控制行走速度，扫查速度为24～36 m/min。

　　这种差动式探头很稳定，检测效果很好，能发现电弧烧伤痕迹和受折弯曲之后工人强行扭直的位置（弯曲扭过的位置有残余应力，能引起涡流响应）。

　　由于人工托住探头接触电缆进行检测的劳动强度相当大，而且电缆上堆积的碳粉和灰尘在扫查的过程中不断被探头刮下，使操作人员操作起来很不方便，因此随后又设计了专用的探头支撑架（见图4-34）。

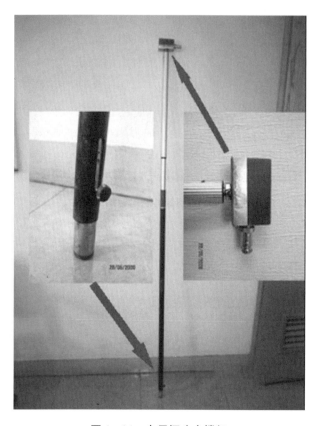

图4-34　专用探头支撑架

　　探头支撑架是用两条不同直径的管制作而成，大管长度约1.5 m，管上端插入一个500 mm长且可以任意调节的伸缩管（用于家居清洁的伸缩杆），用一条长300 mm的弹簧塞入大管的下端，再将直径较小的管下面插入压缩弹簧。在大管下部机加工两个对称的贯穿管壁的槽，长度约为130 mm，插入一段内管，钻通孔插入螺栓，在大管外配上螺母可以锁定位置，在伸缩管的上端装置个铁盒子把探头固定上去，这样探头支撑架就可以自动在0～130 mm范围内伸缩，这正好是工程车上层平台到电缆的高度范围。

　　使用了特制的探头支撑架后，现场检测的操作就很简单舒适了，在工程车上选择中间位置坐下，将探头支撑架调节到略高于电缆的高度，然后垂直对准高压电缆把探头压低，松手后靠弹簧压力就能紧紧地把探头自动贴在电缆上了（见图4-35）。操作人员只需要手扶支撑架保持钢管垂直就行了。使用了探头支撑架后，操作人员的劳动强度大大减小，检测效率大大提高，检测速度可以达到60 m/min，并且在检测中可以随时根据仪器显示前进、倒退，重复检测以前发现有问题的位置，得到可靠、可重复的结果。

图4-35　使用特制探头支撑架的现场检测

图4-36所示为利用这种涡流检测方法发现的部分电缆的烧伤缺陷。

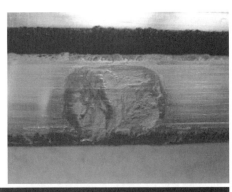
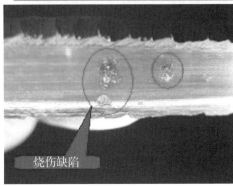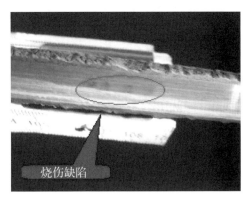

图4-36　部分电缆的烧伤缺陷

实例4-11： 冷却器铜管逐渐减薄和偏芯减薄的涡流检测

某电厂润滑油冷却器系统中利用海水为冷却介质的油冷却器管为 Φ12.7 mm×1.0 mm 黄铜（海军铜）管，管内壁相继出现逐渐减薄且偏芯损耗引起穿漏，导致漏油（漂出大海）造成紧急停机的事故。经分析确定为管内通过的海水造成的电蚀减薄所致，要求采用涡流检测的方法检测尚在役使用的其他管子有无偏芯减薄现象存在。

普通内通过式差动探头的线圈轴线与管材轴线平行，对管材壁厚的逐渐减薄不敏感（见图4-37a），而绝对式探头线圈轴线与管壁垂直时对管材壁厚的逐渐减薄很敏感（见图4-37b）。

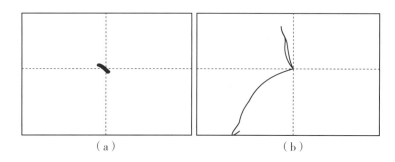

（a）　　　　　　　　　　　　　　（b）

图4-37　管材逐渐减薄的检测

（a为差动式探头检测，无法分辨逐渐减薄的状况；b为绝对式探头检测，当探头轴线垂直于管壁时很容易分辨逐渐减薄的状况）

常规的管材减薄检测方法是用双频和两个同型号、同尺寸、同参数的内插式差动探头，1个用于参考，插入没有缺陷也没有壁厚变化的被检管材，1个用于检测，插入用被检管材加工的阶梯形标样管（内径不变而具有不同壁厚，见图4-38），按照相同壁厚调整检测灵敏度，然后开始检测。

图4-38　用外圆磨床加工的阶梯形标样管（具有不同壁厚）

但是，目前要解决的问题是逐渐减薄和偏芯损耗同时存在，表现为内径变大。因此，常规的检测方法在这里不适用。

常规的差动式探头主要针对短小缺陷，例如点状的腐蚀穿孔等，而绝对式探头主要用来检测逐渐减薄的缺陷，如果采用由两个绝对式探头组合而成的内插式差动放置式探头，则只需一次探伤就既能检出点状小缺陷，又能检出偏芯减薄和逐渐减薄缺陷。

将这种内插式差动放置式探头（每个探头后面装有弹簧以保证探头与内壁面良好接

触）插入被检管子，用手握住旋转（正反转）并逐步进入管子扫查，很容易就能找出逐渐减薄缺陷以及确定偏芯的方向（位置），具有较高的准确性，也具有较高的检测效率（参见第3章的图3-48）。

图4-39所示为管材典型的偏芯逐渐减薄实物横向剖面图。

腐蚀部位

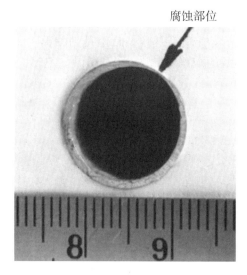

图4-39 管材典型的偏芯逐渐减薄实物横向剖面

使用这种检测方法还能成功检测的另一种情况是中央空调机冷却器管维修更换时，在装配过程中强行打入，导致管外壁被旁边的机械结构削去一部分而形成的"逐渐减薄"，如图4-40所示。

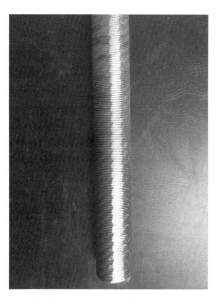

图4-40 冷却器管外壁被削去一部分而形成的"逐渐减薄"

目前，随着计算机技术应用的普及，出现了多功能、多频智能化涡流探伤仪，对这种"偏芯损耗""逐渐减薄"的检测也更加容易和方便了。如爱德森（厦门）电子有限公司的 EEC – 39RFT 型 4 频 8 通道涡流探伤仪可以同时使用 2 个频率，主频用来检测内壁缺陷和逐渐减薄，次频用来检测外壁缺陷，混频用来分辨支撑板位置的缺陷，从而可以一次探伤就全面检测出不同类型的缺陷。在该型仪器的显示屏上，通道 D1 为 X1 差动式，通道 D2 为 Y1 绝对式，通道 D3 为差动式主频显示，通道 D4 为次频差动式显示，通道 D5 为混频，可消除支撑板或凹痕等不希望见到的信号，通道 D6 为绝对式测厚，可检测出"逐渐减薄"类型的缺陷。如图 4 – 41 所示，左上为 D3 通道，右上为 D4 通道，左下为 D5 通道，右下为 D6 通道。

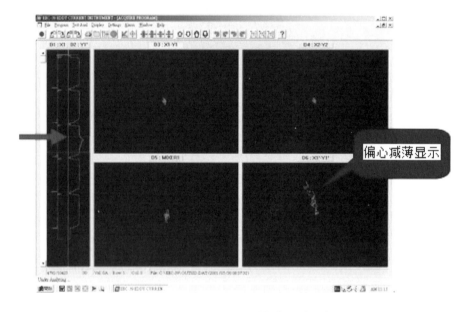

图 4 – 41   EEC39 – RFT 型涡流探伤仪的屏幕显示

4.4   电导率检测与材质分选

4.4.1   电导率值的测量

电导率值的测量是采用已知量值的电导率标准试块校准涡流电导仪后对材料或零件的电导率进行测量，不需要选择与被检测对象材料、热处理状态相同或相近的材料制作对比试块，因此在电导率值的测量中只有标准试块而不存在对比试块。

材料的电导率对涡流的影响不是简单的线性关系，而且也不能用简单的函数准确表述电导率与涡流响应的对应关系，因此，选择校准涡流电导仪的标准试块时，其量值不能与被检测材料或试件的电导率值相差过大。利用涡流电导仪测量试件电导率之前，首先要用标准电导率试块校准涡流电导仪的测量范围,所使用的涡流电导仪应配备有与测试对象相应范围的标准电导率试块。考虑到涡流边缘效应、趋肤效应和提离效应的影响,对标准电导率试块的大小、厚度和表面粗糙度一般都有严格要求,如外形尺寸不小于 30 mm × 30 mm(也有标准规定为 25 mm × 25 mm)、厚度不小于 5 mm、表面粗糙度 Ra 不大于 3. 2 μm 等。电导率标准试块还要定期(例如一年一次)送计量部门或计量归口单位进行检定,因为标准试块材料或多或少地存在时效性,铝合金材料尤为明显,尽管制作标准电导率试块的材料要求有足够的时效时间,但是在实际应用中,标准电导率试块在每一次检定时其电导率值仍然会发生一些变化,因此要在每一次检定时对其重新赋予电导率值。

图 4 - 42 所示为英国霍金公司(Hocking NDT Ltd)的商品化标准电导率试块。

图 4 - 42 英国霍金公司(Hocking NDT Ltd)的标准电导率试块

注:不锈钢(材料牌号 303S)电导率为 2% IACS,1. 2 MS/m;黄铜(材料牌号 LM5681)电导率为 24% IACS,14 MS/m;铝(材料牌号 7075 - TF)电导率为 34% IACS,20 MS/m;铝(材料牌号 6082 - TF)电导率为 47% IACS,27 MS/m;退火工业纯铜电导率为 100% IACS,58 MS/m。

为了精确测量出电导率的微小变化,通过复杂的阻抗分析、计算和比较试验,确定了电导率在 1% IACS ~ 100% IACS 范围时,对金属及其合金最合适的测试频率为 60 kHz 左右。

进行电导率试验时需要注意:

进行具体电导率测量前应首先了解被检试件或检验区域的参数条件(例如检测部位的厚度一般要求至少等于涡流标准透入深度的 3 倍,检测部位的表面粗糙度一般要求 Ra 不大于 6. 3 μm)、检测部位是否存在导电或非导电表面涂层及其厚度、检测部位的表面形状(例如曲率大小、面积大小)、检测部位是否存在渗碳层或渗氮层等渗层、检测部位是否存在表面或近表面缺陷以及周围有无可能造成干扰的物体(如紧固件)等,以保证对测量结果的正确判断评估。

在测试过程中，为了确保电导仪的测试值稳定，一般要求每隔 30 分钟用标准电导率试块校验一次电导仪，一旦发现校验值不符合规定值，则上次校验后至这次校验前已测试的试件就必须重新测试，以确保测试值的正确性。

当被检试件厚度小于涡流有效透入深度时，由于受厚度限制，涡流在试件中的分布不再遵循半无穷大导电介质中的分布规律，对检测线圈反作用的磁场强度将发生变化，导致涡流电导仪测得的电导率值与试件的实际电导率值有差异。

当探头（检测线圈）置于宽度小于线圈涡流场作用范围的试件表面（例如狭窄的条形）时，由于受边缘效应的影响，涡流场的分布也会发生畸变，导致涡流电导仪测得的电导率值与试件的实际电导率值不符。一般要求检测部位的表面宽度不小于探头直径的 1.5 倍。

对于无表面涂层的被检试件（裸试件），如果其厚度小于涡流的有效透入深度，在实际测量时，可以采取叠加测量的方法予以补偿。例如，对板材可以采取两张板叠加或者三张板叠加的办法，使叠加后的厚度大于涡流有效透入深度，注意各层必须贴紧，每次测量后再将各层上下位置互换，然后再测量，以一致的结果作为最终测量结果。

对于圆柱形试件（例如棒材、轴、螺栓、销钉等），一般技术标准要求在平行于轧制方向的表面上进行电导率测试，因此就需要在圆周面上进行测试，或者有些零件还可能需要在凹面上进行测试。在这些曲表面上测试电导率是有一定限制的，因为涡流检测线圈置于曲面上进行测量时，受电磁耦合条件的影响，无法正确测得曲面部位的电导率。例如 GB/T 12966—2008《铝合金电导率涡流测试方法》规定，凹面曲率半径不应小于 250 mm，凸面曲率半径不应小于 75 mm，不符合上述条件的试件则需要加工出平整的测试面进行测试或采取修正测量方法，即需要依据特定型号及频率的涡流电导仪并经过实际对比测量进行修正。

实例 4 - 12： 曲面修正系数示例（源自 GB/T 12966—2008《铝合金电导率涡流测试方法》附录 A）

使用仪器为 sigmatest2.607 型涡流电导仪，工作频率为 60 kHz，用于 Φ 20 ～ Φ 150 mm 范围的裸面铝合金管材、棒材及凸面柱状试件，修正系数公式：

$$\eta(\Phi) = \exp[s + (t/\Phi)]$$

式中，Φ 为试件直径，单位为 mm；s、t 为修正因子，适应不同直径范围的曲面，见表 4 - 1；$\eta(\Phi)$ 为修正系数，即在该曲面上测得的电导率值（视在电导率读数）与平面上测得的真实电导率值之比。Φ 20 ～ Φ 150 mm 铝合金试件的修正系数见表 4 - 2。

表 4 - 1　不同直径范围内 s、t 的取值（sigmatest2.607 型涡流电导仪）

直径 Φ/mm	s	t
20 ～ 50	0.050	− 4.87
50 ～ 150	0.018	− 3.28

表4-2 Φ20～Φ150 mm 铝合金试件的修正系数

Φ/mm	η（Φ）	Φ/mm	η（Φ）	Φ/mm	η（Φ）
20	0.826	40	0.931	85	0.980
22	0.843	45	0.944	90	0.982
24	0.858	50	0.954	95	0.984
26	0.872	55	0.959	100	0.985
28	0.883	60	0.964	110	0.988
30	0.893	65	0.968	120	0.991
32	0.903	70	0.972	130	0.992
35	0.915	75	0.975	140	0.994
37	0.922	80	0.977	150	0.996

试验环境的温度以及被检试件本身的温度对测量结果有明显影响，通常材料温度升高会导致电导率下降。校准电导仪时，要求仪器、探头、标准电导率试块和被检试件或检测区域处于同样的环境温度水平（温差不应超过2℃）。最适合电导率测量的环境温度为4.5℃～32.2℃，不宜在阳光直射和寒冷的室外环境中进行测量，在北方地区，冬天在有暖气设施的室内进行检测时也要注意不要在暖气设施附近操作，因为在测量过程中的环境温度、被检试件或检测区域的温度容易发生变化。

此外，还应注意手持探头操作时，手对探头的温度影响。如果是带压力弹簧的探头，由于手接触的是弹簧套而不是与探头直接接触，则影响并不大；如果是不带弹簧套的探头，手与探头直接接触，则手的温度就会影响电导率值的测量结果，手指越靠近测量线圈，这种影响就越明显。对于这种情况，就需要在手指与探头之间适当增加一层薄的隔热材料来避免对电导率值测量结果的影响。

校准电导仪时，通常要求至少使用2个标准电导率试块，一个试块的电导率标称值应稍高于被检试件或检测区域要求的电导率值上限，另一个试块的电导率标称值应稍低于被检试件或检测区域要求的电导率值下限，最好还有一块中值试块用于校验，以便能够正确覆盖测量范围。

测量电导率时，放置探头的位置不应距离被检试件边缘或邻近结构太近，避免因边缘效应引起电导率值变化。

如果被检试件表面存在非导电涂层，检测线圈表面与金属基体表面之间存在一定的间隙，使电导率的测量受到提离效应的影响。因此，需要预先通过测量所使用涡流电导仪的最大提离厚度来确定允许的非导电涂层最大厚度，以保证测量结果的准确性。一般的方法是与光面标准试块相比较，以粘贴在标准试块上面使电导率值产生±0.3% IACS变化时的非导电薄膜厚度值作为非导电涂层的最大允许厚度。实际应用中一般要求非导电涂层厚度不应大于75 μm。

如果被检试件表面存在较薄的导电涂层（例如包铝层、镀铬层），这种涂层可能具有比基体金属更高的导电性，使测得的电导率值往往高于基体金属的实际电导率值。这时就需要采用比较测量法，即用特定型号和频率的电导仪对同一种被检试件在不同涂层厚度情况下与裸试件进行对比测试并建立相对应的电导率修正系数。当导电涂层过厚导致无法通过修正获得正确结果时，就不得不清除涂层后才能进行测试。

不同制造厂家生产或者同一制造厂家生产但型号不同的涡流电导仪，由于受线圈尺寸、结构及仪器信号处理电路等方面不同因素的影响，即使采用相同的检测频率，对于上述各项影响因素的响应也不相同，并且可能存在较大的差异，因此，在实际测量中，必须针对具体的电导仪建立或制定适用的修正关系或修正系数，以消除或补偿相关的影响。

此外，即便应用的电导率标准试块量值非常准确，如果涡流电导仪性能不合格，也不能准确测量电导率值，因此，需要对可能影响涡流电导仪测量准确度的有关性能进行定期校验。

涡流电导仪的主要性能包括电导率值的测试稳定性、测量准确度、灵敏度、分辨力及提离抑制性能等。

电导率值的测试稳定性是指在一定时间内持续测量同一试件同一部位时涡流电导仪指示值的变化小于一定值。

测量准确度是指涡流电导仪在校准范围内测量结果的正确程度，一般以正负百分比误差值表示。

灵敏度是指涡流电导仪能够测量出电导率的最小差值或变化。

分辨力是指涡流电导仪能够显示的最小有效读数，对于数字式涡流电导仪是指显示数据最后一位数字的最小变化量，对于指针式涡流电导仪则是指刻度盘上最小分格的一半。涡流电导仪在不同测量范围有不同的分辨力，不能将低值或高值范围的分辨力作为涡流电导仪整个测量范围的分辨力。

提离抑制性能是指涡流电导仪消除或减小探头与试件间微小间隙影响的能力。

例如，厦门星鲨仪器有限公司的 FQR – 7501A 型指针式涡流电导仪的主要技术参数是，测量范围为 5～62 MS/m，测量精度为分度盘端值 ±2%，工作条件为 0 ℃～40 ℃；苏州德斯森电子有限公司的 D60K 型数字金属电导率测量仪的主要技术参数是，工作频率为 60 kHz，测量范围为 5.0～64 MS/m 或 8.6～110.0% IACS，灵敏度为 1%（即 0.01），测量精度为 ±1%～±2%（在 5.0～29.9 MS/m 范围时 ±2%，在 30～64 MS/m 范围时 ±1%），提离补偿达 0.1 mm，最小检测平面范围为 Φ16 mm，环境范围为 0～90% 相对湿度，温度为 0 ℃～45 ℃。

过去曾把涡流电导仪列入计量器具，但实际上涡流电导仪并不应该属于计量器具，因为它测出的值实际上是材料中电导率与磁导率共同作用的结果，而不能单独测出电导率或磁导率。

涡流电导率测量技术广泛用于评定铝合金的热处理状态和硬度。

铝合金的一些力学性能（特别是硬度）以及成分（牌号）与其电导率之间存在密切的对应关系（见图 4 – 43），而且作为非铁磁性材料的铝合金，其相对磁导率为 1，亦即其磁特性参数是一个常量，影响涡流场大小的仅剩下唯一的变量，即铝合金的电导率，因此，可以通过测量电导率的变化来评价铝合金的热处理质量。但是要注意，各种牌号铝合金的电导率值与其硬度、热处理状态之间并不是单值的——对应关系，想要根据电导率值评价铝合金的硬度，首先还需要明确被测试对象的牌号和热处理状态。

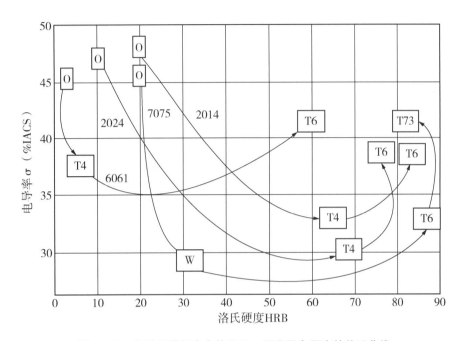

图 4 - 43　几种品牌铝合金热处理、硬度及电导率的关系曲线

常见的铝合金材料各种基本热处理状态有供货状态（M）、自然时效（CZ）、人工时效（CS）、过时效（CGS）。

图 4 - 43 中的方框里出现的符号是铝合金的具体热处理状态代号：O 为退火状态；T4 为固溶热处理 + 自然时效；T6 为固溶热处理 + 人工时效；T73 为固溶热处理 + 分级时效；W 为固溶热处理 + 室温下自然时效，该状态代号仅表示产品处于自然时效阶段。

常用的铝合金材料热处理状态表示方法如下：

基础状态代号用一个英文大写字母表示，基础状态代号后跟一位或多位阿拉伯数字表示细分状态代号。

F 为自由加工状态，适用于处在成型过程中，对加工硬化和热处理条件无特殊要求的产品，对该状态产品的力学性能不做规定。

O 为退火状态，适用于经完全退火获得最低强度的加工产品。

H 为加工硬化状态，适用于通过加工硬化提高强度的产品，产品在加工硬化后可经过（也可不经过）使强度有所降低的附加热处理。

W 为固溶热处理状态，是一种不稳定状态，仅适用于经固溶热处理后，室温下自然时效的合金，该状态代号仅表示产品处于自然时效阶段。

T 为热处理状态（不同于 F、O、H 状态），适用于热处理后，经过（或不经过）加工硬化达到稳定的产品。T 代号后面通常跟有一位或多位阿拉伯数字。T 字母后面的第一位数字表示热处理的基本类型（1～10），其后各位数字表示在热处理细节方面有所变化。

T1 为从成型温度冷却并自然时效至大体稳定状态。

T2 为退火状态（只用于铸件）。

T3 为固溶处理冷作后自然时效。

T31 为固溶处理冷作（1%）后自然时效。

T36 为固溶处理冷作（6%）后自然时效。

T37 为固溶处理冷作（7%）后自然时效，用于 2219 铝合金。

T4 为固溶处理后自然时效。

T41 为固溶处理后沸水淬火。

T411 为固溶处理后空冷至室温，硬度在 O 及 T6 之间，残余应力低。

T42 为固溶处理后自然时效。由用户进行处理，适用于 2024 合金，强度比 T4 稍低。

T5 为从成型温度冷却后人工时效。

T6 为固溶处理后人工时效。

T61 为 T41 + 人工时效。

T611 为固溶处理，沸水淬火。

T62 为固溶处理后人工时效。

T7 为固溶处理后稳定化。提高尺寸稳定性，减小残余应力，提高抗蚀性。

T72 为固溶处理后过时效。

T73 为固溶处理后进行分级时效，强度比 T6 低，抗蚀性显著提高。

T76 为固溶处理后进行分级时效。

T8 为固溶处理冷作后人工时效。

T81 为固溶处理后冷作，人工时效。为改善固溶处理后的变形及改善强度。

T86 为固溶处理后冷作（6%），人工时效。

T87 为 T37 + 人工时效。

T9 为固溶处理后人工时效再冷作。

T10 为从成型温度冷却，人工时效后冷作。

Tx51 是指为消除固溶处理后的残余应力进行拉伸处理。板材 0.5%～3% 的永久变形，棒材、型材 1%～3% 的永久变形。x 代表 3、4、6 或 8，例如：T351、T451、T651、T851 适用于板材、拉制棒材、线材，拉伸消除应力后不做任何矫正而时效；T3510、T4510、T8510 适用于挤压型材，拉伸消除应力后为使平直度符合公差进行矫正，并时效。

Tx52 是指为消除固溶处理后的残余应力进行压缩变形，固溶处理后进行 2.5% 的塑性变形然后时效，例如 T352、T652。

Tx53 是指消除热应力。

Tx54 是指为消除精密锻件固溶处理后的残余应力进行压缩变形。

……

工业上常用铝及铝合金的电导率范围为 17% IACS～62% IACS。应当注意的是，对于不同牌号和热处理状态的铝及铝合金，当测得的电导率值在技术标准规定的电导率值范围内时，可以根据电导率的合格来推断其硬度合格。当测得的电导率值超出技术标准规定的电导率值范围时，特别是在超出量又比较小的情况下，是不能由电导率的不合格来断定该试件为不合格品的，需要对电导率不合格的试件（或部位）做补充硬度试验，根据硬度试验结果做进一步分析和判定。

铝合金材料的种类分为铝合金棒材、板材、管材、型材，有各种形状、规格、尺寸的制件。在电导率测试过程中，要注意减小或消除各种因素对检测的影响，或对各种因素的影响进行补偿，以准确地获得试件真实的电导率值。

实例4-13： 黄铜导流条、导流环的电导率测量

高速铁路、城际轻轨的车辆由大功率直流电动机驱动，对电动机中的黄铜导流条（挤压制品，见图4-44）、黄铜导流环（锻件，见图4-45）的导电性能有很高的要求，其技术标准规定的成品质量检测项目中，电导率值的测量是很重要的一项，必须满足验收标准规定的电导率值范围。

图4-44　黄铜导流条

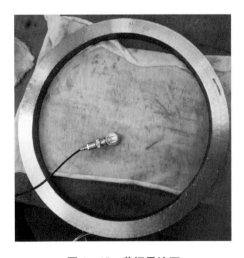

图4-45　黄铜导流环

实例4-14： 机场玻璃围栏杆松脱事故

某机场玻璃围栏杆支撑板（见图4-46）发生松脱造成人身事故，经检查，发现是栏杆支撑板少装一根固定螺栓所致。

该支撑板的结构如图4-47所示，作为立柱的方条形钢板上钻有螺栓孔，不锈钢螺栓从背面装入，连接前面钻有螺纹孔的不锈钢支撑板，然后用泥胶封闭方条形钢板的螺孔，再涂上油漆。

图4-46　机场玻璃围栏杆支撑板

图4-47　支撑板的结构

　　为防止意外发生，需要检查全机场所有围栏杆支撑板有无漏装螺栓的情况，但是数量太大，要求采用最简便快捷的无损检测方法进行检查，因此选用了涡流检测方法。

　　根据支撑板的结构特点，在有螺栓和无螺栓的位置上，其电导率必然有差异，通过对实物样品模拟实际缺少螺栓的状况进行试验，当探头扫查经过有螺栓和无螺栓的位置时，在涡流探伤仪的阻抗平面图上就能发现明显差异（见图4-48）。

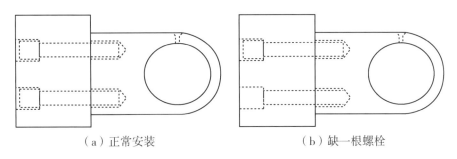

（a）正常安装　　　　　　　　　　（b）缺一根螺栓

图4-48　支撑板的正常安装与漏装螺栓示意图

使用国产的爱德森（厦门）电子有限公司便携式EEC-39RFT型涡流探伤仪，直径为10 mm的平面探头，频率为20 kHz。探测时要注意保证探头面与被检表面稳定接触，防止提离效应的影响。

由于围栏支撑板的安装位置很多，有些部位是人手够不到的，为了便于扫查和提高检测效率，将探头装在一个导向模块中并配上一条长度为1.5 m的不锈钢管，探头线从管中引出并加上一个操作开关，不需要搭棚架，只要站在欲检测的栏杆处，然后用手将探头叉在方条形立柱上沿立柱从上向下扫查，在到达有螺栓的附近位置时按下开关，仪器就会自动平衡，然后上下移动探头扫查，有可疑信号时就记录存盘，这样就可完成检测任务。

实例4-15： **大理石板销钉漏装的涡流检测**

某大型商场建筑外墙拼装的大理石板出现脱落而发生从高空坠地的事故（见图4-49）。这些大理石板分别安装在建筑物的2楼、4楼和5楼，大理石既沉重又坚硬，而且出现脱落最多的位置，其楼下正是商场行人和车辆的出入口，每天都有很多行人和车辆在这里进出商场，从高空坠下的大理石板很可能会击中行人和车辆，若击中人或车辆则很可能会造成人员伤亡或车辆损坏，因此相当危险。

图4-49　建筑物大理石板外墙脱落现场

这种大理石板的拼装是靠销钉连接并用胶水黏合的。相关人员检查了十多块脱落掉下来的大理石板，发现有些大理石上只有一个销钉（见图 4-50，销钉的直径为 4 mm），有些则完全没有销钉，只靠胶水黏结。

图 4-50　脱落掉下来的大理石板

经过分析判断，应该是当年施工安装时漏装了销钉，若没有销钉连接而只靠胶水黏结，经历长期的风吹雨打和太阳曝晒，肯定会出现老化松脱。发生这样的大理石板脱落事故后，客户要求采用 NDT 方法检测所有这种大理石板外墙中还有无销钉漏装的情况。

这种大理石板外墙使用的条状大理石板厚度为 26 mm，宽度为 100 mm，长度为 300 mm～800 mm 不等，在两块大理石板相连处中间有块 4 mm 厚的不锈钢衬板（见图 4-51），大理石板和不锈钢衬板离表面 13 mm 有直径为 4 mm 的孔，销钉穿过不锈钢衬板分别插入两端大理石中约 15 mm，再涂上大理石胶进行黏合密封（见图 4-52 和图 4-53）。整个商场一圈有 900 m，分 4 条线共有 3 万多块大理石板。由于在现场不能钻孔后用光纤内窥镜检查，如果用部分拆除法抽查的话，不但破坏性很大并且影响商场的正常经营，而且抽查结果也不能代表全部大理石板的状况，因此只能考虑采用无损检测的方法进行 100% 的检查。

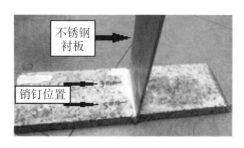

图 4-51　拼装大理石板仿真模拟试件

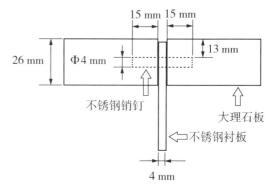

图 4-52　大理石板销钉连接结构

图 4-53　大理石板连接结构的 X 射线照相图像

要在不导电的大理石中找出导电的不锈钢销钉，采用涡流检测方法最有效。

要求在距离表面 13 mm 深度隔着不导电的大理石检测出直径为 4 mm 的不导磁的奥氏体 304 不锈钢销钉，而且还有一块横跨整块大理石并与大理石表面接近平齐而体积又远远大于销钉的不锈钢衬板阻碍，使用普通的商品化涡流探头无法得到满意的检测效果甚至无法获得响应信号，因此只能采用自制涡流探头的方法来解决。

自制探头采用较粗的漆包线，将探头线圈直径做大些，用差动式反相线圈绕法，两线圈间隔大些，试验频率用低些，以获得较大的电感量，因为电感量与线圈的圈数、电流、电压以及线圈的形状和组合，再配合不同的频率激励下才能产生最佳的感应效果。

具体绕制探头参数为：探头直径 20 mm，漆包线径 0.30 mm，正反向绕线圈各 84 圈，差动式连接，采用激励频率 80 kHz。

实验结果表明可在相隔 15 mm 大理石板的情况下有效检测出直径 3 mm 的不锈钢销钉，配合 Locator 2 型便携式涡流探伤仪，获得试验成功。

检测时，用一把塑料直尺平行于不锈钢衬板放置，探头沿着直尺边缘来回扫描，这样可以保持与不锈钢衬板相同的检测距离，使不锈钢衬板的影响保持一致（见图 4 - 54）。

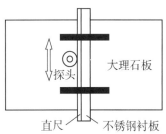

图 4 - 54　扫查方式示意图

我们在现场抽查了几个典型的位置，效果非常好，操作轻松、简单和快速，而且准确（见图 4 - 55），拆卸大理石后验证我们的检测结果准确无误。

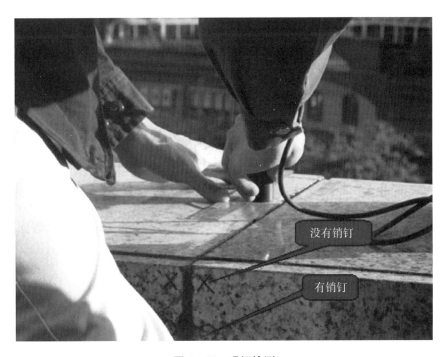

没有销钉

有销钉

图 4 - 55　现场检测

实例 4-16： 大桥轴承基座怀疑漏涂铝合金粉末的检测

一般跨海大桥的桥墩位置会安装轴承基座，其目的是让大桥在承载时或者热胀冷缩时有一个适当的伸缩位移以防止断裂。轴承基座的材料是合金钢，属于铁磁性材料，上下轴承的光亮平面经过特殊的硬化处理以增加其耐磨性，上下轴承平面对平面地承受负载和位移。由于海水含有大量的氯离子成分，钢结构材料通常用热浸锌和热喷涂铝合金粉末来保护金属防止锈蚀。

某即将落成的跨海大桥被发现桥墩的支撑轴承基座体表面出现涂层破损和存在锈蚀（见图 4-56）。这种轴承基座是在金属暴露部位先喷涂上铝合金粉末层，粉末层厚度要求最少 150 μm，然后再喷涂厚度最少为 150 μm 的油漆层。现在出现破损锈蚀，怀疑这批轴承基座有漏喷涂铝合金粉末的可能，需要进行无损检测鉴别，检测内容包括确认是否有铝合金粉末涂层和其厚度是否达到 150 μm。

图 4-56　轴承座表面油漆脱落并看到有锈蚀

这种情况显然首先考虑采用涡流检测方法，因此需要厂家提供一个对比试块，要求在一块约 60 mm 宽、150 mm 长、6 mm 厚的钢板上分四段分别进行以下处理（见图 4-57）：

（1）金属完全裸露无任何涂层；

（2）在金属基体上不喷涂铝合金粉末而只喷涂厚度 150 μm 的油漆层；

（3）在金属基体上只喷涂厚度 150 μm 的铝合金粉末涂层；

（4）在金属基体上先喷涂厚度 150 μm 的铝合金粉末涂层，然后再喷涂厚度 150 μm 的油漆层。

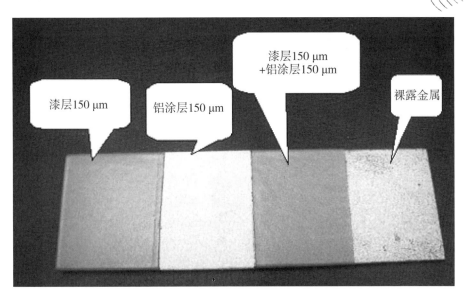

图 4 - 57　对比试块

用对比试块校验涡流探伤仪，在不同的位置显出了不同相位图，确认可以采用涡流阻抗平面图的相位法来检测。具体操作方法如下：

（1）将放置式探头放在对比试块上完全裸露金属的位置，设定提离（lift off）相位，按平衡键（调零）使矢点处在仪器屏幕中心位置，提离探头时矢点会向左横向飞出（见图 4 - 58 中的曲线 1）。

（2）分别在纯油漆层、纯铝合金粉末涂层和符合技术要求的铝合金粉末涂层 + 油漆层的位置用放置式探头检测，就会出现如图 4 - 58 和图 4 - 59 所示的阻抗平面图。图 4 - 58 中的曲线 2 为纯油漆层、曲线 3 为纯铝合金粉末涂层、曲线 4 为符合技术要求的铝合金粉末涂层 + 油漆层。

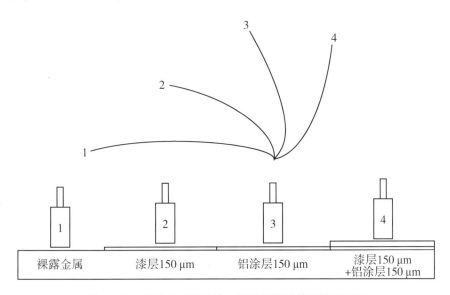

图 4 - 58　探头在对比试块上不同位置时的阻抗平面图

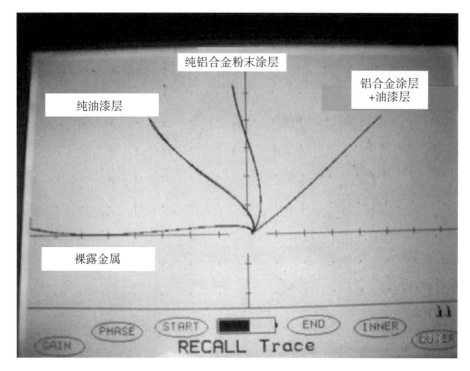

图 4 – 59　在涡流探伤仪屏幕上显示的真实阻抗平面图

这里使用的涡流探伤仪是 GE 产品，是带弹簧的材料分选探头，其实什么探头都可以，只要能调校出可清楚分辨和稳定的阻抗平面图即可。

通过试验发现，表面 150 μm 厚的不导电油漆层对涡流检测铝合金粉末层没有明显的影响，亦即非导电涂层完全不影响检测其下面的导电涂层。

如果用普通的数字式涡流测厚仪，则无论用电磁型还是涡流型都无法分辨。

在实验室验证该方法可行后，在现场检测也获得成功。图 4 – 60 为现场实际工作的情况。

实例 4 – 17：金属结构热损伤的电导率测量

金属结构受到诸如雷击、强烈摩擦等会在部件局部表面骤然升至较高温度产生过热，影响原来的显微组织，导致局部的机械性能、耐腐蚀性能发生变化，称为热损伤，表现为如表面颜色发生变化，严重时甚至导致微裂纹的产生，成为裂纹源。

金属的重要物理性能之一是电导率，对于正常的、性能稳定的金属而言，其电导率值也总是在一个相对稳定的范围内。金属结构部件受到热损伤时，会造成结构部件的材质发生变化，其电导率值也会发生变化，通过完好部位与受到热损伤部位电导率差异的测量对比，可以判断金属的物理性能有无发生改变，从而及早发现影响安全运行的隐患，防患于未然。

图 4 – 60　现场实际工作的情况

4.4.2　涡流分选技术

涡流分选技术是根据不同材质具有不同导电性能（即电导率不同）的原理，通过测量材料电导率的差异来进行材质分选的方法，一般多用于非铁磁性金属材料。

非铁磁性金属材料的相对磁导率近似为1，而材料的合金成分、金属纯度和杂质含量、硬度、强度等与材料的电导率有密切联系，不同材料具有不同的电导率值，同一材料在不同加工工艺（如不同热处理工艺）状态下也有不同的电导率值。因此，可以利用涡流电导仪测量出电导率值或者电导率的相对差异，根据测量结果可以进行材质的鉴别分选、混料分选、热处理状况的鉴别与热处理质量鉴定，以及硬度、耐应力腐蚀性能等的评价。

利用电导率测量进行材质分选时，如果仅关注少量具体材料或零件的区别而不需要知道具体的电导率值，可以不依赖于涡流电导仪和标准电导率试块，而可以利用其他类型的涡流检测仪器（如涡流探伤仪、涡流测厚仪）检测出由于材料导电性差异而引起的涡流响应不同，并据此进行外观和形状相同而材质或热处理状态不同的材料或零件的分选。这种方法需要有已知材质和冶金状态的，与被分选对象的材质、状态和尺寸相同的对比试件。这种检测不是准确的定量测量，而只是定性的测试分析或者说是相对比较法检测。

实例4-18： 锻造铝合金托板螺帽的混料分选

一批某型歼击机用锻造铝合金托板螺帽材料应该是LD5，下料数量为28000件，但是经过锻造、人工时效热处理等加工工序后，在入库时发现数量为28003件，显然可能发生了混料，必须将混入该批零件中不同材质或者不同热处理状态的零件检出。

该零件形状如图4-61所示，采用厦门第二电子仪器厂生产的7501型指针式电导仪进行通过电导率鉴别法分选。

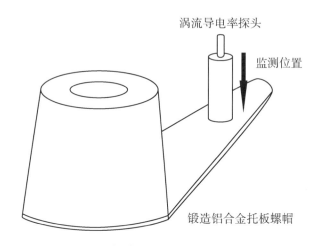

涡流导电率探头

监测位置

锻造铝合金托板螺帽

图4-61 锻造铝合金托板螺帽混料分选

首先从该批零件中抽取10件进行光谱分析，确认其为LD5（5号锻铝）材质，经过打硬度确认其符合热处理质量，以此10件作为标定件，用涡流导电率测试仪测量其电导率，得到其波动范围，以此范围作为检测评定范围，然后对该批零件逐件测量。最后发现有三个零件的电导率明显超出确定的电导率波动范围，经光谱分析确认这三个零件为LD10（10号锻铝）材料，需要剔除，从而保证了该批零件的质量。

在检测过程中应注意保证作为标定用零件测量时的环境温度与整批检测的零件所处的环境温度相同，并且每隔半小时应用标定件对仪器进行校核。

利用涡流电导仪测量非铁磁性金属以及合金的电导率，操作比较简单，只要试件的厚度、大小、表面状态等满足测量条件要求，使用性能合格的涡流电导仪，经过量值准确的标准电导率试块校准，即可直接测量出材料和零件的电导率值，并据此进行牌号、状态的识别或分选。其缺点是无法分辨电导率相同或相近以及电导率范围有覆盖的材料。

现代的涡流检测仪已能将涡流探伤、涡流测厚和电导率测量合为一体成为多功能的涡流检测仪，如图4-62所示为广东汕头超声电子股份有限公司超声仪器分公司生产的具有涡流探伤、涂层测厚和电导率测量功能的CTS-608C型便携式涡流检测仪。

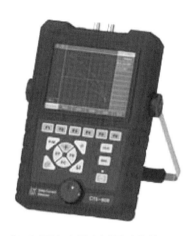

图4-62　具有涡流探伤、涂层测厚和电导率测量功能的CTS-608C型便携式涡流检测仪
（广东汕头超声电子股份有限公司超声仪器分公司）

4.4.3　电磁分选技术

电磁分选技术是根据不同材质具有不同磁导率的原理，利用涡流检测仪测量材料磁导率的差异来进行材质分选的，因此一般应用于铁磁性材料。

涡流检测仪获取的信号响应是铁磁性材料导电性与导磁性的综合效应，包含了材料磁导率和电导率的综合作用。当两种铁磁性材料的电导率 σ_1 和 σ_2、磁导率 μ_1 和 μ_2 之间均存在明显差异，但是它们的电导率与磁导率的乘积相等时，即在 $\sigma_1\mu_1 = \sigma_2\mu_2$ 的情况下，二者对涡流检测仪的电磁作用大小相等，从而导致无法根据涡流检测仪的响应区分这两种电、磁特性均不相同的铁磁性材料。

为了减小和消除不同铁磁性材料电导率不同对材料分选带来的不利影响，工程上的电磁分选通常采用很低的激励频率，当激励频率只有几十至几百赫兹时，激励线圈产生的低频交变磁场在铁磁性材料中产生的涡流非常微弱，涡流再生磁场对检测线圈的作用远小于由铁磁性材料磁导率感应的磁场对检测线圈的作用，因此，涡流效应可以被忽略不计，从而实现仅根据低频线圈对铁磁性材料磁导率的不同响应进行材料分选。

铁磁性材料在低频交变磁场作用下产生反作用磁场（磁感应强度）的大小和相位与材料的磁导率之间存在密切的对应关系，因此，可以根据电磁响应信号幅度和相位的不同来实现对不同铁磁性材料的鉴别。例如，不同含碳量的钢、不同热加工工艺（如锻造、热处理）和不同处理状态（如正火或退火）的同一牌号碳钢在电磁分选仪示波屏上将显示不同的阻抗响应波形。

电磁分选只是一种定性比较的测试方法，仅仅根据电磁响应的差异往往不能给出被区分材料的牌号，除非以已有材料的电磁响应图谱对其中某种材料在相同试验条件下的响应为参照进行鉴别，否则需要在被区分的两类或多类材料中分别取样，再根据化学分析或金相试件结果做进一步的判定。

4.5 覆盖层厚度测量

出于防腐蚀、抗磨、美观、保护等需要在工业产品表面覆盖各种覆盖层的情况很多，例如汽车、摩托车、电动车及自行车的车体表面漆层，自行车与摩托车的车轮辐条轮圈镀铬层，汽车车轮的压铸铝合金轮毂表面阳极化层，各种钢结构表面的防锈漆与保护漆，燃气轮机发电机涡轮叶片的耐热保护层（如铁镍合金空心叶片基体上的二氧化锆层），钢铁杆管表面镀锌层，等等。这些覆盖层的制备工艺有很多，最常见的是电镀、热浸镀、包覆和喷涂。

在这些产品的制造过程中，根据产品质量验收标准的要求，有时需要对覆盖层的厚度进行测量，这些覆盖层厚度通常都在微米级，应用涡流测厚技术可以很方便准确地测出这些覆盖层的厚度。

根据覆盖层及其附着其上的基体材料的电磁特性，覆盖层厚度测量技术分为涡流法测厚与磁性法测厚两种方法。

4.5.1 涡流法涂层测厚

涡流法测厚依据的是涡流的提离效应，主要适用于基体材料为非铁磁性的导电材料（如常见的铜及铜合金、铝及铝合金、钛及钛合金、奥氏体不锈钢等），覆盖层为非导电材料（如漆层、阳极氧化膜等）的厚度测量，例如铝基体上面的阳极氧化膜层或油漆层，或者其他有机涂层（例如塑料）的厚度测量。此外，涡流法测厚也可用于覆盖层的导电性能较基体材料差的情况（例如铜上的铅覆盖层或铝上的镍覆盖层）。

涡流测厚仪通常使用固定的激励频率，在测试过程中不需要也不能够进行频率选择（不同于涡流探伤仪）。使用较高的激励频率（一般为 $1 \sim 10$ MHz）可以增大激励线圈在被测量覆盖层下面导电基体中产生的涡流密度，进而增强涡流的提离效应，达到提高涡流测厚的测量灵敏度和准确度的目的。

图 4-63 为山东济宁科电检测仪器有限公司生产的两种涡流涂层测厚仪。

采用涡流法测厚时，影响非导电覆盖层厚度测量精度的因素除了激励频率外，主要还包括基体的导电性（基体金属的电导率），基体的有效厚度，测量部位的形状、尺寸及表面粗糙度，基体表面与覆盖层之间的表面粗糙度，覆盖层的刚度（防止探头按压在表面进行测量时覆盖层变形），校准用标准膜片的种类及厚度的选择，以及操作的一致性（例如测量探头的放置方式）、环境温度等。

涡流测厚仪对妨碍探头与覆盖层表面紧密接触的附着物质敏感，因此，测量前应注意清除探头和覆盖层表面的污物，测量时应使探头与测试表面保持恒压的垂直接触。

1. 基体的导电性

基体金属的电导率对测量有很大影响，它与基体金属的材料成分及热处理方法有关。对于同一涡流测厚仪和探头，具有不同电导率的基体在相同距离上产生的涡流大小必然不同，因此作用于探头检测线圈的电磁场的强弱也存在差异。无论是指针式涡流测

KD-1型涡流涂层测厚仪

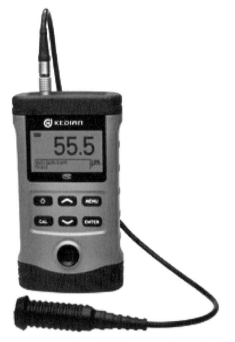
MCW-3000A涡流涂层测厚仪（非铁基涂层测厚仪）

图 4-63   山东济宁科电检测仪器有限公司的涡流涂层测厚仪

厚仪还是数字式涡流测厚仪，其指示覆盖层厚度的数值都会随着检测线圈离开基体表面距离的增大而增大，即与涡流作用场之间是一种反向变化的对应关系。当被测量覆盖层下面基体材料的导电性优于涡流测厚仪校准时所用校准试块基体的导电性时，高导电性基体材料所产生的涡流密度要大于校准试块基体中的涡流密度，有增强的电磁场作用于检测线圈，原理上将导致涡流测厚仪的读数变小。反之，低导电性基体材料所产生的涡流密度小于校准试块基体中的涡流密度，将导致涡流测厚仪的读数增大。

表 4-3 所示为使用电导率为 25.1 MS/m 的材料作为基体校准涡流测厚仪时，在该材料上和其他具有不同导电性材料上测量已知厚度膜片得到的结果。图 4-64 所示为基体电导率不同对膜层厚度测量的影响。

表 4-3   不同电导率基体上非导电膜层厚度的测量值

试件编号	电导率（MS/m）	膜片标称厚度（μm）					
		18.5	50.5	174.0	494	1025	1519
1	0.60	66.8	98.8	218.6	520	1036	1538
2	5.42	25.1	56.5	180.6	499	1024	1533
3	11.73	21.2	52.4	179.3	498	1016	1528

续表 4 – 3

试件编号	电导率（MS/m）	膜片标称厚度（μm）					
		18.5	50.5	174.0	494	1025	1519
4	16.74	20.1	51.5	177.3	498	1015	1524
5	25.10	18.6	50.7	175.3	490	1016	1532
6	34.99	19.2	50.0	178.3	497	1017	1529
7	49.25	18.3	49.8	176.3	499	1023	1541
8	58.60	19.2	51.1	178.3	495	1017	1531

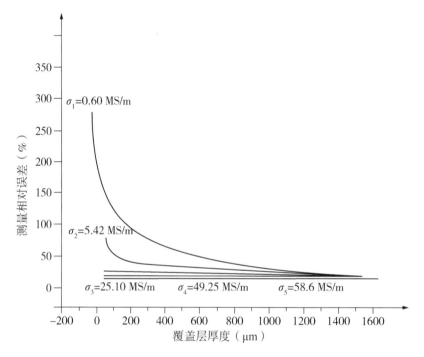

图 4 – 64　基体电导率不同对膜层厚度测量的影响

由表 4 – 3 和图 4 – 64 可以清楚地看到基体材料电导率的差异对膜层厚度测量的影响规律和程度：

①低电导率基体上的测量值都明显大于膜层的实际厚度，测量值与实际值的偏差（相对误差）随着膜层厚度的增加而减小，这一规律与上述理论分析一致。

②在与校准材料电导率相同的基体上的测量值与膜层实际厚度最为相近，误差最小。

③高电导率基体上的测量值与膜层的实际厚度较为接近，在表 4 – 3 中的 6 号和 8 号试件的测量值略大于膜层的实际厚度，这一结果与理论分析不一致，但是在多次试验中发现多数情况下有这种情况存在，其原因尚有待进一步研究和分析。

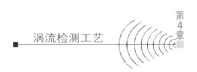

④随着覆盖层厚度的增加，基体电导率差异的影响逐渐减小，当覆盖层厚度大于一定值后，可以认为其误差与覆盖层厚度近似成正比。

因此，在采用涡流法测量覆盖层厚度时，首先要清楚被测量覆盖层下面基体的导电性，最好选择与被检试件基体具有相同导电性的材料作为校准试块来校准涡流测厚仪。

2. 基体的有效厚度

基体的有效厚度是指不影响对覆盖层厚度准确测量的最小基体厚度。使用涡流测厚仪测量涂层厚度时，对基体金属有临界厚度的要求，只有大于这个厚度，测量结果才不会受基体金属厚度的影响。

涡流测厚仪采用的激励频率很高，以激励频率为 4 MHz、电导率为 1% IACS ～ 100% IACS 的常用金属为例，取 3 倍的标准透入深度作为涡流的有效透入深度，则对应的基体有效厚度范围为 0.03 ～ 0.3 mm。绝大多数情况下，被检试件的基体厚度都会大于这一厚度，但是对于带有多种覆盖层的试件，测量表面非导电覆盖层厚度时，就要注意表面覆盖层下面覆盖层的性质与厚度。如果多层覆盖层均为绝缘材料，则可以不考虑其厚度，但测量的结果是多层覆盖层的总体厚度。如果多层覆盖层的表面层为非导电材料，但是表面层下面还有导电材料的涂层或镀层，如镀镍层、镀铜层、铝合金粉末涂层等，则必须考虑这些导电涂镀层厚度的影响，校准涡流测厚仪时也应采用相同试件的合格品作为校准试块。

3. 测量部位的形状与尺寸

测量部位的形状与尺寸会直接影响检测线圈与被检试件基体的电磁耦合状况。最主要的影响是试件的曲率对测量结果的影响，这种影响将随着曲率半径的减小而明显增大。在有曲面的试件上测量覆盖层厚度时，应在相同曲面形状的基体上或在试件上不带有覆盖层的曲面处校准涡流测厚仪，以消除曲面的影响。不同类型的涡流测厚仪（包括探头）对于相同曲面的响应可能不同，当使用不同型号的涡流测厚仪时，不应将一种涡流测厚仪及探头的测量修正结果或修正曲线应用于另一种型号的涡流测厚仪和探头。

在测量时，应注意避免探头靠近试件边缘或内转角处，因为边缘效应将会导致测量结果不可靠。

4. 基体表面覆盖层以及基体表面与覆盖层之间的表面粗糙度

基体表面覆盖层以及基体表面与覆盖层之间的表面粗糙度也会对覆盖层厚度的精确测量带来影响，随着粗糙程度增加，影响也增大。表面较光洁的试件表面粗糙度 Ra 值通常为 1 ～ 10 μm，例如轿车铝壳体表面的漆层具有很高的硬度并且非常光滑，但是基体表面与漆层之间的表面粗糙度就要大大劣于这一水平了，因此，当基体和覆盖层之间的表面粗糙度值不是很小时，测量厚度小于 10 μm 的覆盖层以及在粗糙覆盖层表面都难以获得精确度高于 10 μm 的检测结果。

基于检测线圈离导电基体距离越近，电磁感应越显著这一现象，涡流测厚仪的测量范围在 10 μm 以上时，对于较小的厚度测量范围，测量结果不确定度的绝对值一般较小，而对于较大的厚度测量范围，测量结果不确定度的绝对值就较大。

5. 覆盖层的刚性

如果试件表面覆盖层的刚性较差（即具有良好的弹性，如较厚的漆层），当探头以不同压力施加于测量表面时，会引起覆盖层不同程度的变形，难以获得稳定而准确的测量数据。因此，采用涡流测厚方法测量刚性差的覆盖层厚度时容易造成测量数据不稳定。为了消除或减小因施加探头的作用力不同而对测量结果产生的影响，许多涡流测厚仪在探头壳体内装有弹簧，以利于操作时检测线圈与试件表面有相同的接触压力，保证操作的一致性。

6. 校准用标准膜片的种类及厚度

测量覆盖层厚度前，先要用标准厚度膜片校准涡流测厚仪，然后再对覆盖层厚度进行测量。涡流检测线圈到导电基体表面的距离与基体表层感生涡流对线圈反作用磁场的大小之间不是线性对应关系，例如存在被检试件的电导率、磁导率差异的影响，尽管在进行涡流测厚仪的电路设计时已经考虑了对二者之间对应关系的数学模型的拟合，但是检测线圈作用于基体的电磁场并不是理想点源磁场的相互作用，因此，检测线圈磁场与基体中涡流磁场之间的相互作用必然与仪器设计采用的物理模型存在差异，这种差异随着仪器校准范围的增大而表现得愈加显著，在每次测量前需要用标准厚度膜片校准仪器。

涡流测厚仪的测量精度与标准膜片厚度的不确定度、基体材料的电磁特性有关，也与标准厚度膜片的选用密切相关。提高涡流测厚仪测量精度最有效的办法是选择合适厚度的标准膜片来校准仪器。具体做法是：选择厚度与被检试件覆盖层厚度尽可能相近的标准厚度膜片来校准仪器，标准厚度膜片的厚度与被测量膜层厚度越接近，测量结果越精确，并且标准膜片厚度的低值与高值所包含的范围应覆盖被检试件覆盖层的厚度变化范围。如果被检试件覆盖层的厚度变化范围较大，应按上述原则分别选用厚度合适的标准厚度膜片校准仪器。

用作校准仪器的标准厚度膜片应有明确的厚度量值，具有良好的刚性（校准测量时探头压在上面不会发生显著的弹性变形）和良好的弯曲性能（用于曲面制件表面覆盖层厚度测量时，应能与被检测对象的弧面基体形成良好的吻合）。

覆盖层厚度测量用的标准膜片主要有两类：一类是不带基体的薄膜（片），这类标准膜片可覆盖在各种制件的基体上进行仪器校准，具有良好的适用性；另一类是带有基体的标准膜片，这类膜片的覆盖层已经与基体结合为一体，但这类标准膜片的使用有一定的局限性。

4.5.2　薄板的涡流测厚

涡流检测技术还被应用于金属薄板的厚度测量，其原理与非导电覆盖层的测厚有着本质的区别。覆盖层厚度的测量基于提离效应，而金属薄板的厚度测量则是基于趋肤效应。这项技术可直接用于测量金属薄板的厚度而不涉及表面覆盖层的问题。涡流透入深度与激励频率密切相关：频率越低，则涡流透入深度越大；反之，则频率越高，涡流透入深度越小。用于覆盖层测厚的涡流测厚仪选用的激励频率普遍很高，不适用于金属薄板厚度的测量，这种技术通常是采用激励频率较低的涡流检测仪器（如涡流探伤仪和电导仪）来进行的。

测量金属薄板厚度的涡流方法适用于铁磁性金属材料和非铁磁性金属材料，但是由于铁磁性材料磁导率不均匀的情况极为普遍，而且由于磁导率不一致导致涡流响应的变化可能比由厚度差异引起的涡流响应要大，因此难以对厚度进行精确测量。

应用涡流方法测量金属薄板厚度时应注意以下几个问题：

①选用合适的频率，确定有效的厚度测量范围。虽然从原理上讲，选择足够低的激励频率可以使涡流透入深度达到几十毫米，甚至更大，但是过低的激励频率会导致产生的涡流密度非常小，使检测线圈实际上无法提取到有效的涡流响应信号。一般而言，涡流有效透入深度达到 5 mm 左右时，基本可视为有效实施涡流检测的极限厚度。例如，采用激励频率为 60 kHz 的涡流电导仪，对于电导率为 15 MS/m 的铝合金板，其有效透入深度约为 1.5 mm，即采用固定频率为 60 kHz 的涡流电导仪可测量电导率低于 15 MS/m、厚度小于 1.5 mm 的铝合金薄板的厚度差异。如果使用激励频率可调节的涡流探伤仪，则可根据涡流的有效透入深度计算公式 $\delta_{有效} = (2.6 \sim 3) \times [1/(\pi f \mu \sigma)^{1/2}]$ 来确定激励频率。

②被检测对象的电、磁特性应具有良好的均匀性。

③在选定激励频率的条件下，涡流有效透入深度范围内的涡流响应信号幅度大小与具有相同电磁特性的金属薄板之间的对应关系并不是一种单值对应关系，即存在不同厚度薄板的涡流响应信号幅度大小相等的情况，但是涡流响应信号的相位与金属薄板厚度之间的关系却是一种单调对应关系。

④在一定厚度范围内，例如薄板厚度约在该材料中涡流有效透入深度的 2/3 范围内时，涡流响应信号幅度的大小与金属薄板厚度之间呈单值对应关系，并且涡流响应信号幅度的大小随金属薄板厚度变化而变化的情况较为显著，因此有利于更准确地测量薄板的厚度。

应用涡流方法对金属薄板实施厚度测量之前，除了要合理选定激励频率、确定适用范围外，还要依据被检测对象的厚度及测量精度要求，加工制作厚度阶梯试块，包括最小可测量厚度、最大可测量厚度以及中间厚度，试块必须具有与被检试件同样的电导率、磁导率、基体厚度和几何形状。通过实验绘出被检测材料的厚度与涡流响应信号的幅度或相位之间的对应关系曲线。在实际测量中，根据被检测对象的涡流响应信号的幅度或相位对应到前面制作好的关系曲线上，以确定被检测部位的厚度值。

需要特别说明的是，利用涡流方法测量金属薄板的厚度，并没有专门的涡流测厚仪，而是利用涡流探伤仪或电导仪进行相对测量，这种测量的精度一般不是很高，要想相对地提高测量精度，则需要在频率选择、厚度阶梯试块制作、材料均匀性控制以及对应关系曲线绘制等方面进行充分的技术准备。

利用涡流法测量金属薄板厚度的方法还扩展到测量非导电基体材料上的金属薄片或金属涂镀层，如玻璃、陶瓷或者塑料上的金属膜层，当然，由于所测量的厚度很小，所用的激励频率通常很高。

4.5.3　磁性法涂层测厚

磁性法测厚（亦称电磁法测厚）利用了磁感应测量原理，依据的是磁阻变化或磁引力变化（磁阻式测量方法）的原理，测厚装置的核心部分是带有磁芯的电感线圈，主要适用于铁磁性材料（如钢、铁、合金和硬磁性钢等）基体上非铁磁性材料（包括导电与非导电材料，如铝、镍、铬、锌、铜、珐琅、瓷、搪瓷、橡胶、玻璃钢、油漆、喷塑、阳极氧化膜、沥青等）覆盖层厚度的测量，例如钢材上的漆层，以及涂镀层的导电性能比基体材料好的情况（例如镀铜、镀锌或镉铝合金上的纯铝镀层等）。

磁性法测厚最常应用的是磁阻法，其原理如图 4－65 所示。为了避免或减小涡流效应的影响，磁阻式电磁测厚仪采用较低的激励频率，通常是几十赫兹到几百赫兹的频率。当测厚仪的探头与覆盖层接触时，通以低频交流电的探头线圈产生磁通，磁通经过被测量对象的非铁磁性覆盖层与铁磁性金属基体构成一个闭合磁路，随着探头与铁磁性基体材料间距离的改变（有不同厚度的非磁性覆盖层存在），该磁回路将有不同程度的改变，引起磁路磁阻变化，导致磁通量变化及探头线圈电感的变化，对于较薄的覆盖层，回路中的磁阻较小，磁通量较小，感应电动势较大。覆盖层越厚，回路中的磁阻越大，磁通量越小，感应电动势越小。

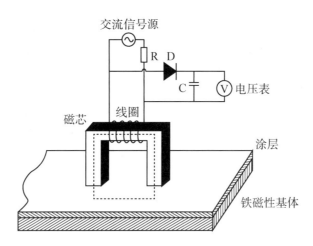

图 4－65　磁阻式测厚方法原理

通过测量磁阻的大小变化（仪器自动输出测试电流或测试信号），可以精确地测量探头与铁磁性材料间的距离，亦即覆盖层厚度。闭合回路中磁阻的大小不仅取决于探头线圈与铁磁性基体表面之间的距离，而且还取决于基体材料的磁性大小。一般要求铁磁性金属基体相对磁导率在 500 以上才有利于采用磁阻法测厚。如果覆盖层材料也具有磁性（例如金属镀层），则要求覆盖层与基体的磁导率差异足够大（例如钢上镀镍）。

磁阻的大小与表面覆盖层厚度之间存在着明确的对应关系，这种对应关系同样随基体材料磁性不同而有所差异，因此，它们之间的对应关系也需要针对具体的基体材料，利用标准厚度膜片通过校准予以确定。

早期的电磁测厚仪采用指针式表头，测量感应电动势的幅值大小，仪器将该信号放大后可通过表头指针指示覆盖层厚度。近年来在电路设计中引入了稳频、锁相、温度补偿等新技术，以及利用磁阻来调制测量信号，还采用了专利设计的集成电路，引入计算机技术，使测量精度和示值重现性有了大幅度的提高。现代电磁测厚仪的分辨力已能达到 0.1 μm，允许误差达到 ±1%，量程可达到 10 mm。

采用磁性法测厚时，影响测量精度的主要因素有：基体金属的磁特性（磁导率）、基体厚度、基体表面粗糙度，测量部位的形状、尺寸以及被检试件曲率，基体与覆盖层之间的表面粗糙度，覆盖层的刚度、覆盖层的电导率，探头压力，标准厚度膜片的种类、厚度选择与操作的一致性，等等。此外，不同的覆盖层厚度范围也有不同的精确度。

校准电磁测厚仪时，应选择厚度与被测覆盖层厚度尽可能相近的标准厚度膜片，膜片厚度的高低值所包含的范围应覆盖被测覆盖层的厚度变化范围，如果被测覆盖层的厚度变化范围较大，则应分别选用厚度合适的标准厚度膜片。

对于带有多种覆盖层的铁磁性材料试件，测量表面非铁磁性材料覆盖层厚度时，同样要注意表面覆盖层下各覆盖层的性质与厚度。如果多层覆盖层均为绝缘材料，则可以不考虑其厚度（例如钢结构件通常先喷涂防锈漆作为底漆，然后再喷涂表面防护及美观用途的面漆），但测量的结果是多层覆盖层的总体厚度。如果表面下的覆盖层是导电材料，如镀镍、镀铜层，然后才是表面镀铬，则还必须考虑各导电镀层的厚度，校准涡流测厚仪时也应采用相同的带多镀层的试件。例如自行车的辐条式轮圈，是低碳钢圈基体上先镀上微米级厚度的镍层，再镀上微米级的铜，最后镀上微米级的铬，在这种情况下要单独测量铬层的厚度就很困难了。

图 4-66 所示为济宁鲁科检测器材有限公司的 LKTC 系列电脑膜层测厚仪（磁性测厚法）。

图 4-66　济宁鲁科检测器材有限公司的 LKTC 系列电脑膜层测厚仪（磁性测厚法）

另一种磁性测厚方法是利用永久磁体的机械式测量方法，测厚装置的核心部分是探头中的柱形永久磁体（俗称测头，目前常采用钕铁硼强磁性材料制作）。如图 4-67 所示，在测量时，测头与非铁磁性覆盖层接触，由于铁磁性基体与探头内永久磁体的磁引力作用，永久磁体克服弹簧的弹力向下移动，位移的大小取决于覆盖层的厚度。覆盖层越薄，磁引力越大，永久磁体的位移就越大；反之，覆盖层越厚，磁引力越小，永久磁体的位移就越小。永久磁体的位移量通过相连接的指针显示。永久磁体与铁磁性金属基体材料之间的吸力大小与处于这两者之间的距离成一定比例关系，即二者之间存在一种单值对应关系，这个距离就是覆盖层的厚度。吸力大小还与基体材料的磁性大小有关，只要覆盖层与基体材料的磁导率差异足够大，就可以利用该方法进行测量。永久磁体的位移并不直接代表覆盖层的厚度，而且这种对应关系随基体材料的磁性不同而有所差异，因此，这种对应关系也同样需要采用标准厚度膜片针对具体的基体材料通过校准予以确定。

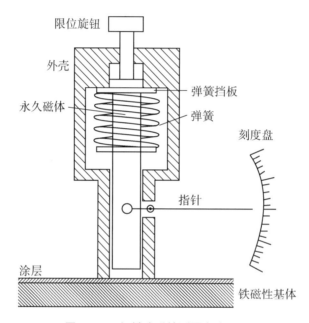

图 4 - 67　机械式磁性测厚方法原理

现代便携式磁性测厚仪的基本结构由永久磁体（磁钢）、测量弹簧（一端由弹簧挡板固定，另一端与永久磁体连接）、标尺及自停机构组成。永久磁体头部与被测物吸合时，按压利用杠杆原理的手柄将弹簧逐渐拉长，拉力逐渐增大，当拉力刚好大于吸力时，在永久磁体脱离吸合的一瞬间记录下拉力的大小即可获得覆盖层厚度。如德国 EPK 公司的麦考特系列（见图 4 - 68）可以自动完成这一记录过程。该系列中不同型号的磁性测厚仪有不同的量程与适用场合。这种仪器的特点是操作简便，坚固耐用，不用电源，测量前无须校准，价格也较低，很适合在车间做现场质量控制。

麦考特磁性涂层测厚仪可自动测量，不会发生误操作，无须校准设定，不需要电池或其他电源，自动显示读数，使用无损测头，一点测定，并且具有平衡装置，可消除地球引力影响，可在任意方向和管内测量。

图 4 - 69 所示为德国卡尔·德意志检测仪器设备有限公司生产的可测量汽车漆层厚度的 LEPTO - Pen 2091 型磁性涂层测厚笔，它由一个精确的永久磁体和一个机械弹簧组

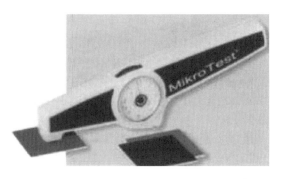

图4-68　德国 ElektroPhysik（EPK）公司的 MIKROTEST 麦考特涂层测厚仪（磁性测厚法）

成，校准和测量的刻度单位是 μm 或 mil①。根据弹簧平衡原理，弹簧所受到的拉力和磁力成正比，利用内置高磁性永久磁体的磁力衰减来测量覆盖层厚度。把涂层测厚笔垂直放在被检试件表面，永久磁体就吸附在被检试件表面上，与被检试件表面呈垂直地慢慢拉开涂层测厚笔，内置弹簧会被拉长，磁力衰减，直到与被检试件表面脱离，在此过程中观察涂层测厚笔上的刻度值变化，在涂层测厚笔即将离开被检试件表面的瞬间所对应的读数就是覆盖层的相应厚度。这种涂层测厚笔可以应用于许多种情况，例如水平或垂直测量。根据磁吸引法则，弹簧的工作范围取决于磁极的方向，可以通过调节螺丝和校准刻度来给予补偿。使用时，被检试件的表面要避免灰尘、油渍和其他污染。

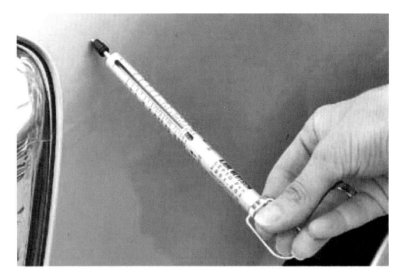

图4-69　可测量汽车漆层厚度的 LEPTO – Pen 2091 型磁性涂层测厚笔
（德国卡尔·德意志检测仪器设备有限公司）

国外还有一种磁性测厚仪，其方法是使用一个直径很小的钢球做靶，小钢球与通过壁厚放在壁对应面的探头磁针互相吸引，吸引力的大小与壁厚相关，从而可对非磁性材

———————

① 密尔（mil）也被称为毫英寸，是一种长度单位。1 mil = 0.0254 mm。

料如塑料（如饮料瓶）、玻璃、陶瓷、非铁磁性金属、木材等进行壁厚测量。利用简单的移动式探头就可以在全壁面上连续测量，测量范围包括 0～2 mm、0～4 mm，0～8 mm，测量精度最高可达 1 μm，该仪器可与 PRT1 数据打印记录器连接使用，实时记录所测试件的壁厚，并可即时打印出测试报告。

4.6 涡流检测工艺卡

4.6.1 涡流检测工艺卡的编制

涡流检测的方法和适用的检测目的很多，例如探伤、涂层测厚、材料分选、电导率测定等。为了保障涡流检测工艺质量的稳定性和检测结果的准确性与可靠性，除了对从事涡流检测的人员有技术水平要求外，还需要制定相应的系列技术工艺文件对涡流检测应用中的各种影响因素给予标准化、规范化控制。

从事涡流检测的人员必须具备涡流检测技术的相关理论知识、实际操作技能和一定的涡流检测实践经验，应经过专门的涡流检测技术资格等级培训并获得相应的技术资格等级才能上岗工作，不同技术资格等级的人员只能从事与其等级相应的检测工作，并负相应的技术责任。

涡流检测的技术工艺文件包括：任务委托书、被检产品的涡流检测方法标准和验收标准、通用涡流检测工艺规程（工艺说明书）和专用的涡流检验工艺卡、检验记录和检测报告、检测设备仪器及器材的校验记录等。

通用涡流检测工艺规程是针对某一工程或某一类产品，根据本单位现有的涡流检测设备与器材，以及被检测对象的材料及结构特点等现有条件，按照设计图纸或委托单位的要求、相关法规、验收标准或技术要求制定的。通用涡流检测工艺规程一般以文字说明为主，应具有一定的覆盖性、通用性与可选择性。通用涡流检测工艺规程能够指导涡流检测人员正确进行涡流检测工作，处理涡流检测结果，进行质量评定并做出合格与否的结论，从而完成涡流检测任务，是保证涡流检测结果一致性与可靠性的重要技术文件。

通用涡流检测工艺规程一般要求由具有涡流检测高级（3级）技术资格的人员编制，编制完成后还需要经过委托单位认可。

通用涡流检测工艺规程的内容一般包括：工艺规程编号，适用范围（检测对象及材料），编制依据（参考或引用的技术标准与相关法规），对检测人员的要求（技术资格等级和视力），被检零件状态（包括名称、尺寸、形状、材质、表面粗糙度、热处理状态及表面处理状态、电导率或磁导率等），对涡流检测系统的技术指标要求，以及规定必需的辅助器材（如探头型号规格、对比试件规格、机械传动装置或扫查机构、磁饱和装置、缺陷标记装置等），检测表面的制备方法与要求，检测时机的确定，检测工艺参数（例如激励频率、相位角、扫描速度等）和检测操作（例如仪器校准方法、扫查方式等）的规定，检测结果的评定和质量等级分类，检测记录、检测报告的编制及资料存档要求，检测后处理的规定，编制人（注明涡流检测技术资格级别）、审核人（注明涡流检测技术资格级别）和批准人，制定日期以及修订日期，预留版本更新备注栏，等等。

涡流检验工艺卡是针对某一具体的检测对象或设备系统上的某一部件或零件，以通用涡流检测工艺规程和被检对象的技术要求为依据专门制定的。涡流检验工艺卡与通用涡流检测工艺规程的最大区别是，涡流检验工艺卡涉及有关的检测技术细节和具体的工艺参数条件，是通用涡流检测工艺规程的细化和具体化。

涡流检验工艺卡用于指导检测人员正确进行涡流检测操作，处理检测结果并做出合格与否的结论。涡流检验工艺卡一般要求至少具有中级（2级）涡流检测技术资格的人员根据通用检测工艺规程来编制，编制完成后还需要经过涡流检测3级技术资格的人员审核并经委托单位认可。

实施涡流检测的人员必须严格执行涡流检验工艺卡所规定的各项条款与参数，不得违反，因此，要求检验工艺卡简单明了，具有很强的可操作性，一般要求针对一种被检对象编制一份涡流检验工艺卡。

涡流检验工艺卡的内容一般包括：工艺卡编号，被检对象的名称与其设计图纸编号或零件编号，该被检对象归属的设备系统类别，被检对象的规格尺寸、材料牌号、冶金或热处理状态及表面状态、电导率或磁导率等，规定使用的涡流检测设备与器材（检测设备名称与型号、探头型号规格、对比试件类型与规格、相关的辅助器材等），检测工艺参数（检测方法、检测比例、检测部位或检测部位示意图、激励频率、相位角、依据的通用涡流检测工艺规程编号或相关法规与验收标准、验收级别等），检测时机、检测系统调节、检测准备、检测步骤、仪器校准方法、扫查方式、检测记录方法、检测后处理方法等，以及编制人（注明涡流检测技术资格级别）和审核人（注明涡流检测技术资格级别），制定日期以及修订日期，预留版本更新备注栏，等等。

4.6.2　编制涡流探伤工艺卡示例

1. 飞机中央机翼下壁板涡流检测工艺卡（见表4-4，源自李华《ET标准规程工艺卡》）

某型号客机中央机翼壁板材料为硬铝合金，厚度约为4 mm，检测的目的是发现下壁板的腐蚀，确定腐蚀深度以及确定腐蚀的位置和面积大小。

使用涡流探伤仪和放置式探头。

2. 设备螺栓涡流检测工艺卡（见表4-5，源自李华《ET标准规程工艺卡》）

检测螺栓和螺母螺纹根部可能出现的裂纹。

使用涡流探伤仪、放置式探头（铁氧体磁芯与螺纹吻合）、转盘、线圈支架、记录仪。

对比试件为被检螺栓实物，在螺纹底部用线切割加工宽度为0.2 mm和深度分别为0.5 mm、1.0 mm、2.0 mm的人工槽。

激励频率 f 选用 $100 \sim 500$ kHz。

表 4 - 4   中央机翼下壁板涡流检测工艺卡

工艺卡编号：xxxxxxxxxxxxxxxxx   共 1 页，第 1 页

零件名称	中央机翼下壁板	材料牌号	2A12
仪器型号	M12 - 20A	探头及编号	绝对式线圈 S/N：40070

仪器检测参数：

频率：$f = 800$ Hz

相位：$P = 273°$

增益：$G = 72$ dB

垂直/水平：V/H = 2.0

线圈形式：Absolute（绝对式）

对比试块：C201A320 - 14

试块上盖

拧紧螺栓

人工刻槽伤
h=1 mm、2 mm、3 mm

试块底座

对比试块材料及上盖、底座厚度
与下壁板相同

检测步骤：

开机、仪器自检

检测参数设置与调整

用平探头扫查对比试块，获得深度为 1 mm、2 mm、3 mm 的人工刻槽的响应信号

沿机翼翼展方向扫查，扫查间距为 30 mm，扫查速度不大于 3 m/min

重复扫查出现异常信号的部位，记录缺陷部位、大小及深度

连续工作时，每隔 1 h 核验仪器工作状态是否正常

零件示意图及扫查方式：

说明：

当根据扫查方式获得的响应信号的相位角不容易判定腐蚀深度时，可参考利用检测线圈在该位置上的提离信号的相位角进行判定

编制人/日期/级别	审核人/日期/级别	批准人/日期
xxx/xxxx - xx - xx/ET Ⅱ级	xxx/xxxx - xx - xx/ET Ⅲ级	xxx/xxxx - xx - xx

表4-5 48～76 mm 主泵螺栓涡流检测工艺卡

工艺卡编号：xxxxxxxxxxxxxxxxx   共1页，第1页

零件名称	主泵螺栓	材料牌号	30CrMnSiA
仪器型号	ET-39	探头及编号	差动式线圈 P-100-126

<table>
<tr><td rowspan="2">频率：$f=100$ kHz
相位：$P=290°$
增益：$G=54$ dB
线圈连接方式：Differential（差动式）
转速：50～70 r/min</td><td>对比试件：</td></tr>
<tr><td>

人工缺陷	宽	深
A	0.2 mm	2 mm
B	0.2 mm	1 mm
C	0.2 mm	0.5 mm

</td></tr>
</table>

检测步骤： 开机、预热 10 min 设置和调整仪器检测参数 开启扫查转台和纸带记录仪 扫查对比试件人工缺陷、记录扫查结果 螺栓自动扫查 当出现可疑信号时，重复进行检测，记录深度大于 0.5 mm 的缺陷响应 每隔 30 min 用对比试件进行期间核查	零件（结构）示意图及扫查方式：

备注：
螺栓检测应使用配套的 SM97 型传动转台和 HP8048 纸带记录仪
检测不同直径和螺距的螺栓时，应选用配套规格的螺母支撑，以保证探头与螺纹根部的最佳耦合

编制人/日期/级别	审核人/日期/级别	批准人/日期
xxx/xxxx-xx-xx/ET II 级	xxx/xxxx-xx-xx/ET III 级	xxx/xxxx-xx-xx

3. 铝合金薄规格板电导率涡流检测工艺卡（见表 4 – 6，源自李华《ET 标准规程工艺卡》）

变形铝合金的电导率与材料的流线方向有关，电导率的测试方法标准均规定沿平行于材料的流线方向进行电导率测试，并且一般标准给出的变形铝合金的电导率极限值不宜用于铸造铝合金的电导率值。

涡流电导率检测仪有直接读数型和非直接读数型，非直接读数型的涡流电导率检测仪测量电导率的精度较低，需绘制涡流响应曲线，并且验收极限附近的电导率测试值的可靠性较差，一般不推荐使用。

采用激励频率为 60 kHz 左右测量 1% IACS ～ 100% IACS（0.58 ～ 58 MS/m）范围的电导率值精度最高。

环境温度条件对电导率测量有较明显的影响，一般要求环境温度为 0 ℃ ～ 40 ℃，并且与被检件的温差不超过 3 ℃。

在被检测对象上影响电导率值的因素很多，如时效后的稳定性、材料流线方向、表面粗糙度、形状与尺寸（曲率、厚度、宽度等），应注意考虑测量结果的修正。

为了保证测量结果的可靠性，标准电导率试块和涡流电导率检测仪必须注意定期校验。

此外，应注意不同型号的涡流电导仪受相同干扰因素影响的程度是不同的。当采用更高检测频率测量薄规格铝合金板材时，不可忽视包铝板材表面包铝层对不同工作频率测试结果的影响也是不同的。

4. 铝合金超声纵波检验用标准试块表面阳极氧化层厚度的涡流检测工艺卡（见表 4 – 7，源自李华《ET 标准规程工艺卡》）

覆盖层厚度涡流测量应特别注意以下 2 个方面的影响因素：

①用于校准仪器的基体的电导率、磁导率与被检测对象的电磁特性应一致。

②被选择用于校准仪器的标准厚度膜片的厚度值与实际被测量膜层厚度应一致，应尽可能选择 2 个厚度值覆盖被测量膜厚度变化范围的标准膜片校准仪器，并且标准膜片高低值的范围与被测厚度范围越接近越好。当被测量膜层的厚度非常薄时，也可在基体表面上进行"零"校准。

表 4 – 6　0.5 ～ 1.5 mm LY12CZ 裸铝板材电导率涡流检测工艺卡

工艺卡编号：xxxxxxxxxxxxxxxxx　　　　　　　　　　共 1 页，第 1 页

零件名称	0.5 ～ 1.5 mm 裸铝板材	材料牌号	LY12，状态 CZ
依据标准	GB/T12966—1991《铝合金电导率涡流测试方法》	验收标准	GJB2894—1997《铝合金电导率和硬度要求》
仪器型号	Sigmatest 2.607	探头及编号	

续表 4-6

检测参数： 环境温度要求为 20 ± 5 ℃，并且仪器、探头、试块、板材之间温差≤3 ℃ 每张板上至少选择 5 个测量部位，每个测量部位上至少测量 3 次	对比试块： 低值标准试块：10.0 MS/m 左右，15.4 MS/m 高值标准试块：15.4 MS/m，20 MS/m 左右 电导率标准试块在检定合格有效期内

检测步骤：

开机，预热 15 min，选择合适的低值和高值电导率标准试块校准仪器

确定修正系数

选择 3 张相同厚度的板材，分别为 a、b、c

按①、②、③方式叠加 3 张板材，分别在边角和中心位置测量电导率，求出 3 种叠加方式的电导率平均值

分别单独在 a、b、c 板材上测量各板材的视在电导率值，求出视在电导率平均值

按电导率修正公式求出该厚度裸铝板的电导率修正值

在被检测板材的边角和中心处测量电导率值

被测板材电导率值 = 视在电导率值 + 电导率修正值

按 GJB2894—1997 标准进行电导率值验收 (16.5 ～ 19.4 MS/m)

记录板材电导率值的最小值和最大值，对于超出电导率验收值的板材，应报告电导率值

每隔 15 min 校准一次仪器

零件（结构）示意图及扫查方式：

叠放顺序	叠加方式		
	①	②	③
最上层	a	b	c
中间层	b	c	a
最下层	c	a	b

修正公式：

被测板材电导率值 = 视在电导率值 + 电导率修正值

（电导率修正值根据试验确定）

备注：

当被检测板材的视在电导率值低于 12 MS/m 时，选用电导率值在 10.0 MS/m 和 15.0 MS/m 左右的标准试块校准电导仪

当被检测板材（包括叠加方式下）的电导率值大于 18 MS/m 时，选用 15.0 MS/m 和 20.0 MS/m 的标准试块校准电导仪

用于确定修正系数的 3 张裸铝板材的电导率均匀性应优于 0.3 MS/m，以叠加方式测得的电导率值 $\sigma_①$、$\sigma_②$、$\sigma_③$ 之间相差小于 0.5 MS/m

叠加测量时应用力压紧被测板材，以保证各层板材在被测部位贴紧

编制人/日期/级别	审核人/日期/级别	批准人/日期
xxx/xxxx－xx－xx/ET Ⅱ级	xxx/xxxx－xx－xx/ET Ⅲ级	xxx/xxxx－xx－xx

表 4-7　铝合金超声纵波检验用标准试块表面阳极氧化层厚度的涡流检测工艺卡

工艺卡编号：xxxxxxxxxxxxxxxxx　　　　　　　　　　　　共 1 页，第 1 页

零件名称	铝合金超声纵波检验用标准试块	材料牌号	7075T4
依据标准	GB/T4957—1987《非磁性金属基体上非导电覆盖层厚度测量　涡流法》	验收标准	阳极氧化膜厚度要求 8～15 μm
仪器型号	Mini2100	探头及编号	

检测参数： 无	对比试块： 基体：未阳极化的同材料试件 标准厚度膜片： 1. 基体表面进行"零"校准 2. $\delta = 25$ μm 的薄膜
检测步骤： 连接仪器、探头，开机，预热 15 min 校准仪器： 探头置于未阳极化的同材料试件表面上校准仪器零点 在试件表面放置厚度为 25 μm 的标准膜片进行校准 按右图标准位置分别测量①～④点平面上和⑤～⑧点曲面上的阳极氧化膜层厚度 对于厚度超出 8～15 μm 范围的位置，重新校准仪器并在该位置读取三次测量数据，以三次测量数据的平均值为准 连续测量时，每隔 30 min 校准一次仪器	零件（结构）示意图及扫查方式： ①～④点为圆柱试块上、下端面上的测试点，选择测试点时应避免边缘效应影响 ⑤～⑧点为试块圆柱面上的测试点，各点依次间隔约 90°、180°、270°，测试时探头应垂直于圆柱表面 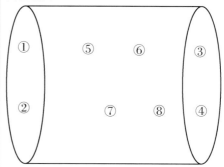

备注：
受试块圆柱曲面影响，应分别测量试块上、下端面和圆柱表面的阳极氧化膜层厚度，即不允许在平面上校准仪器后到圆柱面上测量，同样也不允许在圆柱面上校准仪器到平面上测量

编制人/日期/级别	审核人/日期/级别	批准人/日期
xxx/xxxx－xx－xx/ET Ⅱ级	xxx/xxxx－xx－xx/ET Ⅲ级	xxx/xxxx－xx－xx

第5章　新型涡流检测技术

5.1　远场涡流检测技术

远场涡流（Remote Field Eddy Current，RFEC）检测技术是利用远场效应（电磁场在金属管道内部传输中产生的一种涡流现象）开发的一种能穿透铁磁性金属管壁的低频涡流检测技术。

远场效应是在 20 世纪 40 年代被发现的。1951 年，Maclean W. R. 获得了此项技术的美国专利，这也是世界上第一个远场效应专利，图 5-1 所示为该专利中的示意图，亦即 1946 年利用远场效应测量铁磁性管壁厚的装置示意图。

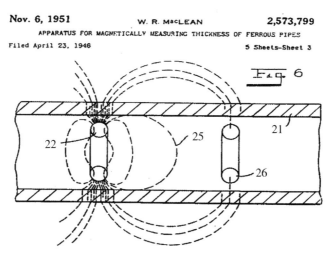

图 5-1　世界上第一个远场效应专利示意图

（Maclean W. R.，1951）

1961 年，美国壳牌公司的 Schmidt T. R. 首次成功研制检测油井井下套管的探头（见图5-2），并用它来检测油井井下套管的腐蚀情况，并将此项技术正式命名为"远场涡流检测"，以区别于普通涡流检测。

扶正器　　　　激励线圈

检测线圈

减震器

图 5 - 2　世界上第一个远场涡流井下套管检测探头

（Schmidt T. R. ，1961）

5.1.1　远场涡流检测的原理

如图 5 - 3 和图 5 - 4 所示，由同轴的螺管线圈 - 激励线圈和检测线圈构成内通过式探头置于被检测钢管内，激励线圈和检测线圈的距离一般为钢管内径的 2～3 倍。远场涡流检测仪器提供低频交流电给激励线圈，在激励线圈周围空间产生随时间变化的磁场，在金属管壁感应生成涡流，激励线圈附近的电磁能量是激励线圈内电流产生的磁场和金属管壁内涡流产生的磁场的矢量和。磁力线会穿过管壁，沿管外壁扩散，在远场区再次穿过管壁向内扩散，感应到检测线圈上（与常规涡流检测方法不同），检测线圈中的感应电势值以及该电势与激励电流之间的相位差随两线圈之间距离（以管内径的倍数表示）变化。检测线圈能有效地接收穿过管壁后返回管内的磁场信号，在有表面缺陷和无表面缺陷的情况下，获得的信号是有差异的，远场涡流检测仪器上通过专用的软件分析接收到的信号幅度和相位，就能有效地判断出金属管道整个管壁上的缺陷和管壁的厚薄情况，并且不受趋肤效应的影响。

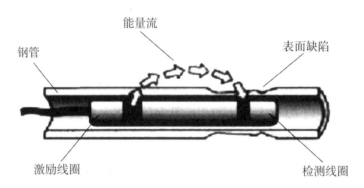

能量流

钢管　　　　　　　　　　　　　　　表面缺陷

激励线圈　　　　　　　　　　　检测线圈

图 5 - 3　远场涡流检测的原理

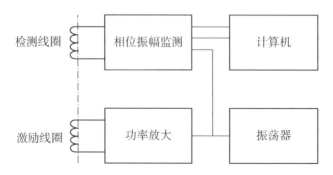

检测线圈　　　相位振幅监测　　　计算机

激励线圈　　　功率放大　　　振荡器

图 5 - 4　远场涡流检测系统原理框图

5.1.2 远场涡流检测系统设备的组成

远场涡流检测系统设备主要由激励信号源、探头及信号处理显示三大部分组成。

1. 激励信号源

激励信号源主要由振荡器、分频器、功率放大器等组成。振荡器产生频率和幅值稳定的可调激励信号，作为驱动激励线圈的激励源，同时也为信号处理单元提供相位测量的参考信号。功率放大器用来提高激励源的功率。

2. 探头

探头具备驱动定位装置，确定探头轴向位置的编码和数据计算系统（见图5-5）。

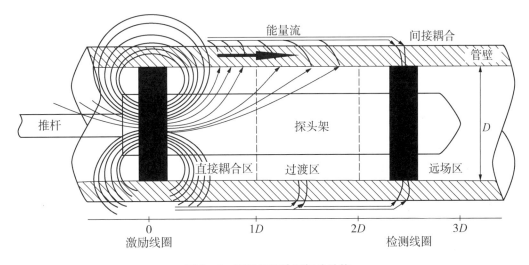

图5-5 远场涡流检测探头结构

图5-6所示为远场涡流检测中的场强分布，从图5-6中可看出在激励线圈和检测线圈之间可分为三个区域。

当两线圈之间距离小于1.8D（D为管内径）时，检测线圈的感应电动势幅值随距离增大而急剧下降，但是相位变化不大，这是由于在管子内部检测线圈与激励线圈之间的能量直接耦合急剧减弱，符合一般的涡流检测理论，称为近场区或近激励区、直接耦合区。

当两线圈之间距离增大到（2～3）D时，检测线圈的感应电动势幅值与相位均以较小速率下降，并且管内外相同，其相位滞后大致正比于穿过的管壁厚，可以近似用一维趋肤效应相位公式计算：

$$\theta = 2\delta(\pi f \mu \sigma)^{1/2}$$

式中，θ为感应电动势的相位滞后；δ为管壁厚；f为激励频率；μ为管壁材料的磁导率；σ为管壁材料的电导率。

该区域称为远场区，传统的涡流概念已无法解释这个区域的规律，这种出现于远场区的特殊现象，称之为远场涡流效应，主要是电磁能量通过管壁后显现的检测线圈与激励线圈的间接耦合。

在近场区与远场区之间的区域称为过渡区，在过渡区内，感应电动势幅值下降速率减小，有时甚至出现微弱增加现象，但是同时有相位差发生较大跃变。

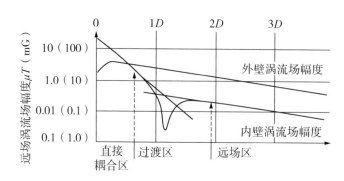

图 5-6　远场涡流检测中的场强分布

远场涡流现象主要取决于管子内部检测线圈对激励线圈的直接耦合磁通和电磁能量两次穿过管壁的非直接耦合。激励线圈在邻近的管壁中产生周向感应涡流，该周向涡流在管外壁流动，同时幅值衰减、相位滞后，而管外壁中的涡流产生的磁场向管外扩散，管外磁场强度的衰减要比管内直接耦合区的衰减速度慢很多，结果管外磁场又在管外壁感应产生涡流，该涡流产生的磁场又向管内扩散，再次产生幅值衰减与相位滞后，也就是检测线圈在远场区所能拾取到的信号。这种远场涡流效应已经由场有限元数值仿真计算得到证明。

此外，检测线圈的感应电压还有以下特点：

①在激励频率 10～160 Hz 范围内，随着激励频率增加，近场区的感应电压幅值增加，远场区的感应电压幅值则减小，其相位滞后随频率增加而增加。过渡区也向远离激励线圈方向移动。

②被检管子保持壁厚不变时，随着管直径的增大，感应电压幅值的衰减减小，但相位滞后则不随管直径增大而增加。

③被检管子壁厚增加时，近场区感应电压幅值的衰减变化很小，但是在远场区的感应电压幅值则衰减增大，并且过渡区也向远离激励线圈方向移动，相位滞后随壁厚增加而增加。

在远场区，磁力线的轨迹与管壁基本平行，因此在远场区通过管壁的磁力线总数与壁厚成正比。有限元计算的结果证明，90%的磁通被束缚在激励线圈附近，9%的磁通在距离激励线圈一个管径以内的区域，只有1%甚至更少的磁通向管内的远处扩散，对远场涡流检测线圈起作用的磁通大约只占总磁通的0.1%（具体数值依检测线圈的位置和管壁厚度而定），检测线圈拾取的感应电压只有微伏级，因此也有人把远场效应称作"弱场效应"。

3. 信号处理及显示

信号处理及显示单元将检测线圈接收到的微伏级信号进行高增益、低噪声放大，通过相位及幅值检测器（通常选用锁相放大器）将接收到的检测线圈信号的相位与参考相位之差用填充脉冲计数及幅值处理，利用微型计算机储存、处理和显示检测信号和数据，从而可以实现在显示器屏幕上直接显示与相位差对应的缺陷深度百分比及其幅值。

5.1.3　远场涡流检测技术的特点

①采用内通过式线圈，被检测的钢管的外表面不必清洗，探头与钢管内表面不接触。磁场在管外表面和管内经过的途径差异不会产生相位滞后，所有检测信号的相位差只与管壁厚度有关，而与"提离效应"无关，因此对填充系数要求低，探头外径与钢管内径之间的间隙变化（探头在管内行走产生的偏芯）对检测结果的影响很小，一般允许最大间隙为钢管内径的30%，最佳间隙应小于钢管内径的15%。

②远场涡流检测对管壁内外表面的缺陷具有相同的检测灵敏度，能实时有效地检测铁磁性材料管内外表面的缺陷和管壁变薄情况而不受磁导率和电导率不均匀、趋肤效应、探头提离和偏芯等常规涡流检测法中诸多干扰因素的影响，可用于检测钢管内表面和外表面的腐蚀坑、均匀减薄、渐变减薄和偏磨减薄等。

③传统涡流检测所测量的是检测线圈的阻抗变化，远场涡流检测所测量的是检测线圈的感应电压与激励电流之间的相位差。在管壁无缺陷时，检测信号与激励信号的相位差与管壁厚度近似成正比（壁厚与相位滞后之间存在线性关系）。当管壁上存在裂纹、凹坑及腐蚀等缺陷时，管壁的局部厚度减小，将会导致检测信号的相位差减小和幅值增大，从而能够发现管内外表面的缺陷。

④检测时，探头的移动扫查速度是否均匀对检测结果无影响。

⑤"提离效应"很小，因此诸如污物、氧化皮、探头的提离、偏摆或偏芯、倾斜以及相对于管子轴线位置的不同等外界的干扰对检测结果影响很小，而且在远场区内，检测线圈摆放的位置对检测灵敏度影响不大。

⑥远场涡流检测系统的制造和操作十分简单，检测设备体积小，重量轻，便于现场灵活应用。

⑦远场涡流检测时，温度对相位测量的影响微不足道，因此应用相位测量技术的远场涡流特别适用于高温、高压状态的管道检测，不仅适用于非铁磁性钢管，也适用于铁磁性钢管。

⑧管内存在的气体、液体介质对检测结果无影响。

⑨最先进的远场涡流检测系统已经可以将检测数据存入探头内，实现长距离检测。

远场涡流检测的最大优势是能检查厚壁铁磁性管，目前最大可检测壁厚已达到25 mm，这在传统涡流检测情况下是无法达到的。此外，它对大范围壁厚缺损的检测灵敏度和精确度较高，目前的精度可达2%～5%，对于小体积的缺陷，如腐蚀凹坑，其检测灵敏度的高低取决于材质、壁厚、磁导率的均匀性、激励频率和探头的移动速度等因素。例如，Φ25 mm×2.5 mm 的碳钢管，其检测灵敏度可达到检出深度为壁厚的80%、直径Φ2.8 mm 的腐蚀坑。

远场涡流检测技术的主要缺点：

①由于存在激励线圈和检测线圈，并且两者之间有一定距离，因此探头整体长度较

长，难以在弯管中通过，不适用于短小的和非管状的试件。此外，也与常规涡流检测一样存在末端效应（亦称"端头效应"）。

实例 5-1： 对煤气公司火炉管进行远场涡流检测时"端头效应"的影响及解决方法

某煤气公司的一批火炉管（低碳钢，Φ25.4×3.25 mm，每根长度约 4 m）在进行远场涡流检测后还要进行水压试验。远场涡流检测中发现有缺陷的管子已经更换，但是在做水压试验时，远场涡流检测未发现有缺陷的管子却有两根穿漏，位置距离管口 2～4 英寸（5.08～10.16 cm），此即典型的涡流检测的"端头效应"。该效应导致涡流检测无法观察到的位置就是涡流检测的盲区。对于这种水压试验发现穿漏的管子，在其位置上无论怎么做涡流检测都无法在仪器上看到任何缺陷信号。

"端头效应"的产生原因是在检测管类工件时，当探头靠近管端头时，涡流磁场受到形状变化的影响而失去平衡，以至无法有效进行检测。在对非磁性材料用普通涡流探头检测时，"端头效应"的影响区一般都很小，通常只有几毫米或者不超出 10 mm，在管端的缺陷用肉眼完全可以目视检测出来。但是在对铁磁性材料用远场涡流探头检测时，由于探头中激励线圈和检测线圈有一定距离（50～100 mm），使得探头整体较长，靠近管端头时感应磁场将严重畸变，能造成 50～100 mm 长的盲区，并且小直径的管子也无法用肉眼目视检测这么深入的位置。

把水压试验发现穿漏的管子从设备上更换下来解剖，可以看到在距端口 50～100 mm 的位置出现明显的腐蚀并导致管壁厚减薄（见图 5-7）。

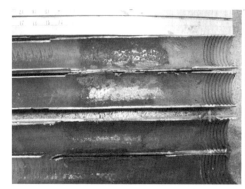

图 5-7　解剖后的炉管端头可见管内壁有明显的腐蚀

取几段相同材质和尺寸的管子，做了几个模拟试管，在离端头 50 mm 和 75 mm 的管体位置钻上直径 3 mm 和 5 mm 的通孔，用远场涡流探头从管中拉出至管端头，发现探头靠近管端头约 100 mm 时涡流信号就开始漂移而无法稳定了，对直径 3 mm 和 5 mm 的通孔完全没有反应。

远场涡流检测的"端头效应"所造成的盲区远大于常规涡流检测的"端头效应"所造成的盲区，这是远场涡流检测技术本身的局限性。为了避免这种局限性造成漏检区域的检查，可以采用内孔径卡尺（见图 5-8）的检查方法。

图 5-8　内孔径卡尺

　　经过用样管实验验证，对于这种炉管，远场涡流检测的"端头效应"影响区长度大约在距离端头 130 mm 以内，其缺陷主要是腐蚀减薄，因此，可以先将炉管内壁清洗干净，然后用内孔径卡尺插入管内 140 mm 深，在没有腐蚀减薄的位置调零，然后利用它有弹性自动伸出的探头，沿圆周分段向外逐渐拉出测量壁厚，如果管壁有减薄，马上就能从内孔径卡尺的表头读数上看出（见图 5-9），超出标准要求就判废，然后进行堵管或更换新管。这个方法很简单，一位稍有机械维修经验的工人就能操作，而且成本很低。

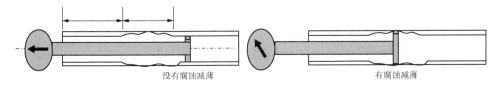

没有腐蚀减薄　　　　　　　　　　有腐蚀减薄

图 5-9　用内孔径卡尺检测炉管端头腐蚀减薄

　　②远场涡流检测使用的激励频率比传统的涡流检测低很多（对钢管检测的频率范围一般为 20～200 Hz），为了保证在激励的每个周期内都能采集到信号而不致漏检，检测速度是受到限制的，通常只有常规涡流检测方法的 1/3～1/5。通常远场涡流检测探头在管内移动速度的大致范围为 10 m/min～20 m/min，在实际应用中，一个 8 h 的工作班可检查 200～500 根 10 m 长的管道。当探头在管内移动速度低于 10 m/s 时，磁场基本上没有畸变，但是当移动速度大于 50 m/s 时，磁场会有相当大的畸变，从而影响探头的响应曲线，导致检测灵敏度降低。

　　③远场涡流检测技术只适用于内通过式探头。若采用外通过式探头，检测灵敏度将明显下降。实验表明，采用外通过式探头时，检测灵敏度将下降 50% 左右。

　　④传统的涡流检测采用内通过式线圈靠近管壁以直接磁耦合的形式拾取涡流磁场变化的信号，远场涡流检测则是拾取穿出管壁后在管外沿管轴传播一段距离再穿过管壁返回到管内的磁场信号，检测线圈必须处在远场区，所能接收到的信号通常为微伏数量级（通常只有几微伏到几十微伏），同时还掺杂了许多外界杂散电磁场的干扰，其数量级甚至能比远场信号大几百倍。因此，虽然远场涡流检测的激励信号功率较大，但是检测线圈的输出信号幅度仍然太低，给信号提取和处理带来了困难。

　　⑤不能辨别缺陷存在于外表面还是内表面。

⑥进行远场涡流检测时，信号两次穿过管壁，损耗很大，检测灵敏度受到很大影响，所以它只对管材的体积性缺陷（如管壁的腐蚀减薄）较敏感，而对小孔状缺陷的检测不太理想，也无法检测阻塞性缺陷。

为解决以上问题，通常采用以下几种方法来改善：

①在检测线圈和激励线圈之间设置屏蔽盘（见图 5 - 10）。为了缩短探头的长度，必须尽量缩短直接耦合区和过渡区域，在靠近激励线圈处放置屏蔽盘可以加剧直接耦合区磁场的衰减。计算结果证明，当放置一个铝 - 铁氧体 - 铝三层屏蔽盘时，有可能把远场区移到距激励线圈 1 倍管内径处，并且对 2 倍管内径以外的远场分布几乎没有影响。

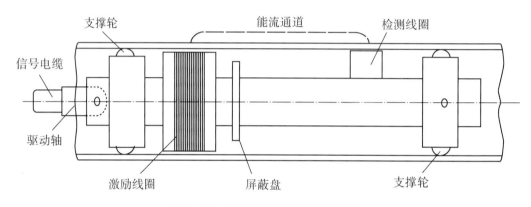

图 5 - 10   带有屏蔽盘的远场涡流探头

②应用磁饱和技术。用常规涡流检测技术对铁磁性材料进行检测时，为了抑制磁导率变化产生的干扰信号，常采用磁饱和技术。图 5 - 11 所示为对铁磁性管材进行远场涡流检测时采用磁饱和技术的示意图。从图 5 - 11 中可以看出，在靠近激励线圈和检测线圈的能量传播路径上设置了磁饱和窗。计算结果表明，设置磁饱和窗后，能进一步降低趋肤效应的影响，有利于电磁能量的传递，过渡区向激励线圈移近，信号幅值增大。如果希望维持信号幅值与无磁饱和窗时相同，则有磁饱和窗时的激励频率可以提高，如果只在激励线圈处设置磁饱和窗，激励频率可由 30 Hz 提高到 50 Hz，如果只在检测线圈处设置磁饱和窗，激励频率可提高到 55 Hz，如果在激励线圈和检测线圈两处同时设置磁饱和窗，激励频率可由 30 Hz 提高到 95 Hz，从而提高检测时的扫查速度。

③应用平衡技术。从激励线圈中提取信号，经适当衰减并改变相位，然后从检测线圈的信号中给予抵消，从而实现在直接耦合区抑制直接耦合场分量，并可测试到远场分量，这样就减小了检测线圈和激励线圈之间的距离，甚至将检测线圈与激励线圈之间的距离减小一半仍可获得良好效果。

在常规涡流检测中，是用阻抗平面图（impedance plane diagram）来表示涡流检测线圈阻抗的电阻分量及感抗分量与检测频率、被检试件的电导率、磁导率以及尺寸等参量的基本关系，在远场涡流检测中则采用的是电压平面图（voltage plane diagram），代表检测线圈的电压输出，这是交流电压的二维表示方法，横轴表示基于参考信号相位的正弦分量，纵轴表示相位分量。

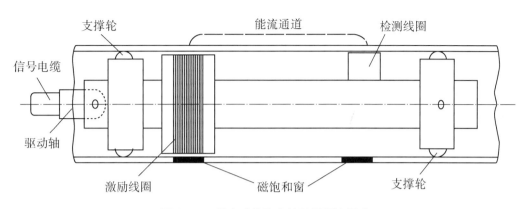

图 5-11   带有磁饱和窗的远场涡流探头

对被检管道实施远场涡流检测时，应注意的工艺操作因素主要有：

①远场涡流检测的灵敏度校验同样需要应用对比样管（reference standards），对比样管分为缺陷特征对比样管（针对具体检测对象的验收标准制作）和系统对比样管（用于系统的性能测试和校对），系统对比样管不能当作缺陷特征对比样管使用，除非其人工缺陷与所要检测的缺陷相似。

②实施远场涡流检测前，被检验管子的内表面应先进行清洗，消除相应的强磁或导电碎片及阻塞物，不得有妨碍检验的污垢、油脂、金属屑及其他外来物质，清洗时应特别注意不要破坏管子内表面。

③探头应具有尽可能大的填充系数。

④探头在管内的穿行速度一般要求小于 10 m/min。

⑤绝对式检测线圈主要用于大面积渐变缺陷的检测，差动式检测线圈用于管道长度方向上突变性缺陷的检测，多点式检测线圈用于检测管道周向壁厚的偏差，多点式线圈相对于管道可以径向安置，也可以轴向安置，采用多点式检测线圈时应使用相应通道数的检测仪器。

⑥在信号处理方面，远场涡流检测技术与多频检测技术的结合使用，能够有效地将支撑板等干扰信号分离出来。常规涡流检测中对于缺陷的定位比较容易，而由于远场涡流检测中不存在趋肤效应以及深度方向的相位滞后，因此在缺陷的定位方面还不能像常规涡流检测那样精确，有待进一步的研究。

图 5-12 和图 5-13 所示为爱德森（厦门）电子有限公司的远场涡流检测仪及探头。

在 20 世纪 80 年代后期和 90 年代初期，随着远场涡流理论的逐步完善和实验验证，远场涡流检测技术用于管道（特别是铁磁性管道）检测的优越性逐渐被人们广泛认识，远场涡流检测技术得到了很大发展，一系列先进的远场涡流检测仪器和系统陆续被研发出来，并已经成功应用于核反应堆压力管、石油及天然气输送管和城市煤气管道、石油化工厂、水煤气厂、炼油厂和电厂等的多种铁磁性和非铁磁性管道的探伤、分析和评价。例如对石油输油管、输气管线、井下套管、地埋油气水输送管线、热电厂高压加热

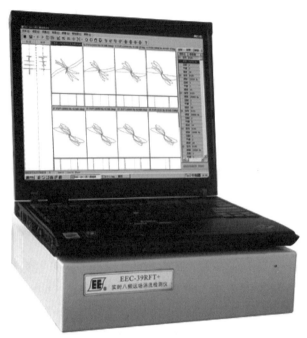

图 5 - 12 爱德森（厦门）电子有限公司的 EEC - 39RFT⁺型八频远场涡流检测仪

图 5 - 13 爱德森（厦门）电子有限公司的远场涡流探头

器和热交换器管、石油化工炼油厂的热交换器管道、锅炉水冷壁管和铸铁管道等腐蚀缺陷的在役检测，对化肥厂尿素高压设备双相钢列管进行探伤，对各种金属材料管路内部与外部缺陷，如疲劳裂痕、支撑架凹痕及沉积物腐蚀等的检测。最近的一些研究表明，远场涡流现象不仅存在于管材中，而且存在于导电板材中，由于远场涡流检测不受趋肤效应的限制，采用远场涡流对板材检测深度的限制将会大大降低，因此，通过将远场涡流检测技术推广到对导电导磁板材的检测，远场涡流检测的应用范围将会越来越广。

现代的远场涡流检测设备利用计算机来显示和储存数据，还有自动信号分析程序。目前，远场涡流检测技术已被认为是管道在役检测最有前途的技术。2000 年，美国材料试验学会制定了 ASTM E2096—2000《热交换器管远场涡流检测》标准，美国无损检测学会（ASNT）于 2004 年出版的《美国无损检测手册·电磁卷》也将远场涡流检测列入（第八章）。2000 年以来，我国电力、石化、化工行业也开始应用远场涡流检测技术检测锅炉和热交换器，我国 2004 年制定了国家电力行业标准 DL/T 883—2004《电站在役给水加热器铁磁性钢管远场涡流检验技术导则》。

实例 5 - 2： 高压加热器钢管的远场涡流检测（厦门涡流检测技术研究所，刘凯）

某热电厂 60 万千瓦机组的高压加热器钢管规格为 Φ 16 × 2.1 mm 的 U 型管，材质为低碳钢。该批钢管自投产后累计运行3.5万小时，均发生了不同程度的泄漏。根据加热器采用的碳钢管材分析，其发生泄漏的原因主要有弯曲应力、热应力、冲刷减薄及腐蚀，它们将导致管子产生裂纹、蚀坑甚至断裂等，其危害相当大，不仅使热效率降低，供电煤耗升高，而且长期下去还将导致蚀穿现象发生，严重时甚至会造成加热筒体爆破。

采用仪器为厦门涡流检测技术研究所生产的ET-556H便携式远场涡流探伤仪，探头为外径Φ10.5 mm的远场差动和绝对式探头，激励频率为350 Hz。在相同规格、相同材质的钢管上加工Φ1.2 mm通孔和Φ2 mm通孔作为对比试件（标定样管）。

缺陷的探伤评定遵从如下原则：

①缺陷信号幅值超过Φ1.2 mm通孔的为记录标准，不考虑缺陷深度大小。

②缺陷信号幅值超过Φ2 mm通孔的为堵管标准，不考虑缺陷深度大小。

根据以上原则，在探伤过程中凡发现超过堵管标准的信号显示，在探伤人员无法确定其为非相关信号时，一律应该判废。

5.2　脉冲涡流检测技术

脉冲涡流（pulsed eddy current，PEC）检测技术是最新发展的涡流检测技术应用中的一种，可用于检测亚表面缺陷，它是以脉冲电流通入激励线圈，激发一个脉冲磁场，该脉冲磁场又会在处于其中的导电试件中感生出瞬变涡流（脉冲涡流），脉冲涡流所产生的磁场在检测线圈上感应出随时间变化的电压信号，可以在时域中进行分析，从而达到检测目的。

传统的涡流检测技术通常以正弦电流作为激励电流，对感应磁场进行稳态分析，通过测量感应电压的幅值和相位角来检测缺陷。脉冲涡流检测技术则是采用具有一定占空比（具有一定频带宽度）的方波脉冲电流作为激励电流，对感应磁场的瞬态响应信号进行时域分析，以直接测得的感应磁场最大值出现的时间来进行缺陷检测。

傅里叶变换和频谱概念有着非常密切的关系。对一个时间函数求傅里叶变换就是求这个时间函数的频率。亦即只要满足交换条件，一个时间函数可以表示为无限个谐波分量之和。脉冲涡流检测法的激励信号是脉冲信号，一个脉冲信号可以利用傅里叶变换展开成为无限多个谐波分量之和，因而具有很宽的频谱。当用脉冲电流作为激励信号进行涡流检测时，就是同时运行一列不同的电流频率，相当于某一范围的连续多频激励，可以比传统的涡流检测技术获得更多的被检试件参数信息，脉冲涡流信号也比普通多频涡流检测的信号响应更快，采用脉冲分析技术能够实现多参数检测，只需一次扫描就可以同时检测不同深度处的缺陷。

脉冲涡流检测系统由脉冲信号发生器、探头和数据采集电路组成。

脉冲信号发生器用来产生激励方波信号，方波信号的电压一般为5～10 V可调，频率为10 Hz～100 kHz可调，占空比为0.1～0.9可调。

探头包括激励线圈和检测线圈，激励线圈最常采用矩形结构，检测线圈位于激励线圈底部的中心，用来对受裂纹扰动而产生的磁场的垂直分量进行检测。

数据采集电路目前采用的是 12 位的 PCI 数据采集卡，采样频率为 100 kHz。

图 5 - 14 所示为脉冲涡流检测系统的基本电路原理图。在图 5 - 14 中，脉冲信号发生器采用固体脉冲信号发生器，探头线圈采用穿过式的形式，信号检出电路是交流电桥，仿真延迟线用于调整电桥的平衡状态，使时间 $t = 0$ 时的信号为零，门电路、时间与门驱动电路、可调时间延迟器、正交滤波器、时间取样器、信号分析器等用于对信号的瞬时分析。

系统在工作时，受时间与门驱动电路同步驱动信号的控制，固体组件脉冲信号发生器给探头提供激励信号，然后由电桥取出探头信号并经放大器放大后输出给门路，在正交滤波器中将信号展开成一系列的信号输出 C_0、C_1、C_2、…、C_n，最后，时间取样器在时间驱动电路的控制下，在被检测的时间上同时对滤波器输出端的各通道进行取样，经频谱分析器得到傅里叶级数系数的信号输出。

在图 5 - 15 中，脉冲发生器给探头提供一个激励信号 $r_1(t)$，探头得到的响应信号 $r_2(t)$ 和补偿装置给出的补偿信号 $r_3(t)$ 相减后，将信号差 $r_4(t)$ 送入滤波器和放大器，然后把信号展开并送入频谱分析器与脉冲信号发生器提供的参考信号 $r_5(t)$ 相结合，得到一系列函数信号 C_i 送入转换电路，再把信号分离成 q_i。

图 5 - 16 所示为脉冲阵列涡流探头实物照片及波形图。

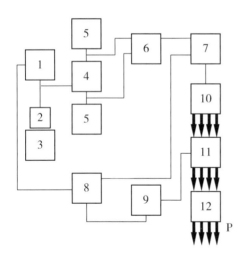

图 5 - 14 脉冲涡流检测系统的电路原理

1. 脉冲信号发生器；2. 探头线圈；3. 试件；4. 电桥；5. 仿真延迟线；6. 放大器；7. 控制门；8. 时间与门驱动电路；9. 可调延迟器；10. 正交滤波器；11. 时间；12. 信号分析器；P. 信号参数输出。

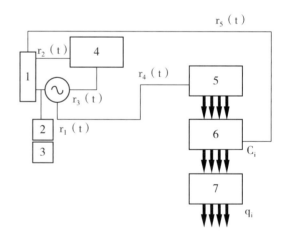

图 5 - 15 脉冲涡流法信号流

1. 脉冲信号发生器；2. 探头；3. 试件；4. 补偿装置；5. 滤波器和放大器；6. 频谱分析器；7. 转换电器。

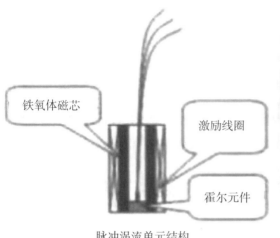

脉冲涡流单元结构

3单元脉冲涡流阵列探头

4×4面阵列探头

4×4面阵列探头的16路信号

带屏蔽罩的4×4面阵列探头

带屏蔽罩的4×4面阵列探头真实信号

图5-16 脉冲阵列涡流探头实物照片及波形图

（图片源自 http://image.so.com）

影响脉冲涡流技术检测能力的因素主要有激励线圈的尺寸、激励频率、激励脉冲的占空比和电压。实际检测应用时，应根据被测对象的复杂性和检测要求的不同，综合考虑各方面影响因素，合理地调节各种参数，使系统达到最佳的工作状态，以获得最佳检测效果。

①激励线圈的尺寸：无论是对表面缺陷的检测还是对表面下缺陷的检测，小尺寸的激励线圈都比大尺寸的激励线圈获得涡流响应信号峰值的变化量大，亦即小线圈比大线圈的灵敏度高。这是因为小的激励线圈阻抗较小，在激励电压相同的情况下，可以产生更大的电流和磁场，从而在试件表面及近表面感生出更强的涡流，因而具有更高的缺陷检出能力。

②激励频率：在激励线圈尺寸、脉冲占空比、电压一定的情况下，随着频率的增加，对表面缺陷的检测能力将变强，根据趋肤效应原理，在实际检测应用时，需要根据缺陷可能出现的位置，合理选择激励频率，以达到较好的检测效果。

③激励脉冲占空比：在激励线圈尺寸、激励频率、电压一定的情况下，小占空比在高频时具有更高的能量，对检测表面缺陷有利。占空比较大的脉冲，其频谱的能量主要集中在低频处，对检测表面下深层缺陷有利。因此，对于表面下较深的缺陷，可以适当提高脉冲的占空比，增大激励脉冲的能量，以达到较好的检测效果。

④激励脉冲电压：在激励线圈尺寸、激励频率、脉冲占空比一定的情况下，随着激励脉冲电压的升高，无论是表面缺陷还是表面下缺陷，获得涡流响应信号峰值的变化量都逐渐变大，即脉冲涡流检测系统产生的磁场强度会变大，有利于缺陷的检出。但是在实际检测应用时，激励电流也不能过大，否则线圈容易达到饱和状态。

5.3 多频涡流检测技术

涡流检测主要是通过检测线圈阻抗的变化来检出试件中的缺陷。被检试件影响检测线圈阻抗（或称感应电压）变化的因素很多，如磁导率、电导率、外形尺寸和各种缺陷等，而且各种因素的影响程度各异。涡流检测的关键就是从诸多的因素中提取要检测的因素。因此，涡流检测仪器性能的提高是与该仪器是否能有效地消除各种干扰因素，并准确提取待检因素的信号密切联系的。

传统的阻抗分析法（或称相位分析法）采用的是单频率鉴相技术，最多只能鉴别被检试件中的 2 个参数（只能抑制一个干扰因素的影响），对管材、棒材、线材等金属产品的探伤应用较广，但是对许多复杂且重要的构件，如热交换器管道的在役检测，热交换器结构中的管道支撑板、管板结构等部件会产生很强的干扰信号，又如对汽轮机叶片、汽轮机大轴中心孔和航空发动机叶片的表面裂纹、螺孔内裂纹以及飞机的起落架、轮毂和铝蒙皮下缺陷的检测，也都存在多种干扰因素待排除，用单频涡流是很难准确地检出缺陷的。为了使涡流检测仪器能同时鉴别更多的参数，就需要增加鉴别信号的元器件，以便获得更多的检测变量，有效地抑制多种干扰因素影响，提高检测的灵敏性、可靠性和准确性，对受检试件做出正确评价。

多频涡流检测技术是用几个不同频率的电流同时激励探头，一次性提取多个所需的信号（如缺陷信号、壁厚情况等），根据不同频率对不同参考量的相应变化获得丰富的信号数据，通过分析处理，提取所需信号，抑制不需要的干扰信号，从而有效地抑制多种干扰因素。

多频涡流检测技术的信号分析处理方法原理如下：

在信号传输理论中，香农－哈特莱（Shannon – Hartley）定理指出，一个信号所传输的信号量同信号的频带宽度 W，以及信噪比 $[1 + (S/N)]$ 的对数成正比。

$$C = W \cdot \lg_2[1 + (S/N)]$$

式中，C 为信号传输率，单位为 bit/s；W 为频带宽度，单位为 Hz；S/N 为信噪比，单位为 dB。

上式表明，在信息的传输过程中，使用频率的个数越多（即频带越宽），获取的信息量越大。因此，可以根据检测对象需要同时检测的部分（如管的内壁、外壁）和要排除的干扰信号（如管道支撑板、管板结构和运行中的抖动等），有针对性地选择多个频率激励，这样检测线圈将获得很多信号，然后将与被检试件作用参数调制相关的输出信号加以放大，使得各个彼此独立的信号通道仅仅输出与一个待检测参数有关的信号。

多频涡流法的信号流如图 5 – 17 所示。

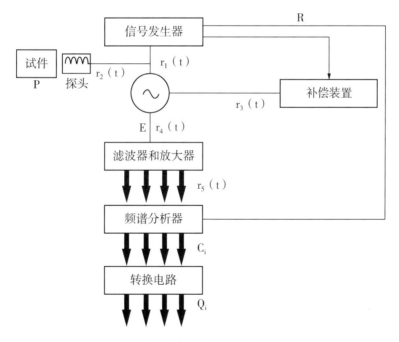

图 5 – 17　多频涡流法的信号流

　r_1（t）为激励信号；r_2（t）为探头响应信号；r_3（t）为补偿信号；r_4（t）＝r_2（t）－r_3（t）；r_5（t）为频谱分析器输入信号；P 为试件参数；C_i 为响应信号；Q_i 为估算信号的输出信号。

多频率信号发生器为探头提供多频的激励信号。受被检试件参数的影响，探头的响应信号 r_2（t）中包括了被检试件参数影响的调整信息。与此同时，多频率信号发生器也同时提供一个激励信号给补偿电路，由补偿电路给出补偿信号 r_3（t），并对探头信号 r_4（t）进行调整，然后把调整后的信号传送给滤波器和放大器。

在多频涡流检测系统中，采用带通滤波器或检波器进行信号分离，经放大器输出信号给频谱分析器，频谱分析器展开信号，将产生正交基函数的响应信号 C_i（按正交傅里叶级数展开，其基函数由各种不同频率的正弦、余弦函数组成）。C_i 的级数取决于对信号的要求，与所给被检试件参数一样是不随时间变化的，这个信号同样是固定的，但是由于被检试件状态的改变，该信号也将随响应信号的调整而改变。最后，该信号被输入转换电路，通过不同比例、不同极性的组合后提供估算信号 Q_i 的输出，并经计算得到被检试件的检测参数。

在多频涡流检测中，实现参数分离的变化可以采用以下三种方法：

（1）电位器组合法

作为每一个信号通道的相应电路是对应于输入信号电位器的加法器。在检测时，可以通过电位器的调整在各个通道中分别实现相应的参数分离。

（2）高斯消元法

高斯消元法由电位器组合法派生出的一种改进的转换方式，是求解线性代数方程组的一种方法，它的基本思路反映在方程组矩阵的计算上。按高斯消元法工作的转换电路可以逐次消除信号中的干扰参数，最后取出需要的信号，实现参数分离。

（3）坐标转换法

坐标转换法亦称坐标旋转法，按照正弦－余弦函数一起变化，通过坐标旋转（即旋转信号的响应相位角），使干扰参数的信号位于水平方向上，进而实现参数的分离。在单频涡流检测法中，应用相敏技术，可以使相敏检波器的检测方向（即输出信号方向）与某一干扰参数的信号方向垂直，这样便能抑制干扰参数的影响，使输出信号只含有待检参数的信息。多参数分离的坐标转换法就是单频相敏技术（移相器或相位旋转器）的推广，它可以多次利用坐标旋转，消除需要抑制的参数信息，从而实现参数分离。

进行涡流检测时，使用一个频率在复数阻抗图中就有虚数分量 X 和实数分量 R 两个信号。用 n 个频率在理论上就存在 $2n$ 个通道，则有 $2n-1$ 个干扰信号可以从缺陷信号中被分离掉。根据各通道信息的组合，利用变更技术就可以抑制干扰信号并区分出缺陷类型。

缺陷信号和干扰信号对探头的反映是相互独立的，二者共同作用时的反映为单独作用时反映的矢量相加。因此，可以通过改变检测频率来改变涡流在被检试件中的大小和分布，使同一缺陷或干扰在不同频率下对涡流产生不同的反映，通过矢量运算，消去干扰的影响而仅保留缺陷信号。

目前，多参数涡流检测技术已经在实际生产中得到应用，例如对电厂锅炉热交换管的涡流检测，可显示围绕管子四周内外表面缺陷的相对位置等的管材截面图像显示。由于它包含了单频道涡流检测技术，又能胜任单频率涡流检测无法完成的工作，因而具有强大的生命力，随着涡流检测理论的深入研究和科学技术（特别是电子技术和计算机技术）的迅速发展，多参数涡流检测技术必将成为涡流检测的一个重要组成部分。

5.4　深层涡流检测技术

趋肤效应的存在使得涡流检测局限于检测材料的表面和近表面缺陷，而在探测如飞机蒙皮、壁板内表面腐蚀和翼梁、桁条等内部结构件裂纹等缺陷时，检测深度往往需要达到 3～4 mm 甚至更深。

深层涡流检测技术也称为低频电磁检测技术（LFET），实际上是低频涡流和多频涡流技术结合的成果。深层涡流检测技术是采用较低的激励频率来增大涡流透入深度，用多个频率工作来抑制不需要的信息而提取有用的检测信号，从而达到探测较深部位缺陷的目的。

目前，深层涡流检测技术已能有效地探测到 25 mm 厚的 304 不锈钢焊缝上相对表面深度为板厚的 20%、长为 50 mm 的裂纹。

深层涡流检测技术已经成功地被用来检测各种部件中隐蔽的腐蚀缺陷，如火力发电站锅炉水冷壁管内壁的氧腐蚀、氢腐蚀、管壁裂纹，石油化工管道、容器的罐底腐蚀，以及民航飞机的现场检测等。

5.5　阵列涡流检测技术

阵列涡流（arrays eddy current，AED）检测技术的研究始于 20 世纪 80 年代中期，它是通过特殊设计的多个独立工作的小涡流检测线圈按特定的结构型式（线圈阵列）密布在敞开或封闭的平面或曲面上构成涡流检测阵列探头（32 个甚至 64 个感应线圈，频率范围达到 20 Hz～6 MHz），借助于计算机化涡流检测仪的分析、计算及处理功能，提供检测区域实时图像，以便于数据判读，实现对材料和零件快速有效的检测。

阵列涡流检测技术的主要优点：

阵列涡流检测系统的工作是采用电子学方法，按照设定的逻辑程序，对阵列单元进行实时/分时切换。将各单元获取的涡流响应信号接入专用仪器的信号处理系统中，完成一个阵列的巡回检测，阵列式涡流检测探头的一次检测过程相当于传统的单个涡流检测探头对部件受检面的反复往返步进扫描的检测过程。

阵列涡流检测线圈的整体尺寸较大，单次扫查能覆盖比常规涡流检测更大的检测面，减少了机械和自动扫查系统的复杂性，可实现大面积金属表面的接近式高速测量，并且能够达到与传统的单个涡流探头相同的测量精度和分辨力，有效地提高了检测速度、检测精度和可靠性，检测效率可达到常规涡流检测方法的 10～100 倍。

由多个按特殊方式排布的、独立工作的线圈排列构成一个完整的检测线圈，激励线圈与检测线圈之间形成两种方向相互垂直的电磁场传递方式，对于不同方向的线性缺陷具有一致的检测灵敏度，可同时检测多个方向的缺陷（包括短小缺陷和纵向长裂纹、腐蚀、疲劳、老化等），克服了传统涡流检测技术中线圈对缺陷方向性敏感的缺点。

阵列式涡流检测探头在检测时，其涡流信号的响应时间极短，只需激励信号的几个周期，而在高频时主要由信号处理系统的响应时间决定。因此，阵列式涡流检测探头的单元切换速度可以很快，而且这种发射/接收线圈的布局模式也能大大提高对材料的检测透入深度。

阵列涡流探头的结构形式灵活多样，针对不同的测试条件和技术指标要求，可以根据被检试件的尺寸和型面进行线圈阵列结构和形式设计，可直接与被检试件形成良好的电磁耦合，实现复杂形状的一维扫查检测，易于克服提离效应的影响（例如用于检测航空发动机涡轮盘的异形阵列涡流探头，其外形与涡轮盘榫槽吻合，不会像传统涡流检测技术采用单个直探头或钩式探头检测时那样由于探头把持不稳而容易形成提离干扰信号），不需要设计制作复杂的机械扫查装置，低复杂性和低成本的探头动作系统能很好地适应复杂部件的几何形状，满足复杂表面形状的零件或大面积金属表面的检测。

环形或弧形阵列涡流探头可以替代传统涡流检测技术应用的旋转探头，或者以单轴扫查代替双轴面积扫查，便携，而且不易受到机械损伤，具有多频功能。

阵列涡流检测技术的关键是，为了提高检测效率和克服众多的扫查限制，阵列涡流探头中包含几个或几十个线圈，不论是激励线圈还是检测线圈，相互之间的距离都非常近，要保证各个激励线圈的激励磁场之间、检测线圈的感应磁场之间不能发生互相干扰。

根据检测方式的不同，阵列涡流探头大体归为两种典型的阵列类型：

①基于单线圈检测的阵列涡流，如图5-18（a）所示，一般是直接在基底材料上制作多个检测线圈，布置成矩阵形式的阵列，为了消除线圈之间的干扰，相邻线圈之间要保留足够的空间。这种阵列涡流大多用于大面积金属表面的接近式测量，可检测部件的位置、表面形貌、涂层厚度以及回转体零件的内外径等，也可以用来检测裂纹等表面缺陷。

②基于双线圈方式的阵列涡流检测，一般设计为一个大的激励线圈加众多小的检测线圈阵列的形式，如图5-18（b）所示，它能够非常有效地实现大面积金属表面上多个方向的缺陷的检测，在无损检测的应用上具有较大的优势，已基本取代单线圈检测的应用。

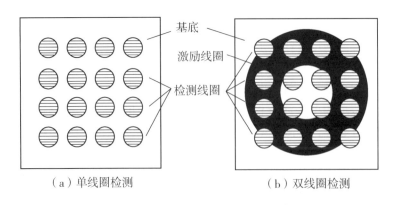

（a）单线圈检测　　　　　　（b）双线圈检测

图5-18　阵列涡流探头的结构形式

在探头形式上，除了放置式探头外，还有内通过式的阵列涡流探头（见图5-20和图5-22）可用于管材管壁质量检测。

图5-19为加拿大R/D TECH公司的平面、弧形和环形阵列涡流探头。

图5-19 加拿大R/D TECH公司的阵列涡流探头

图5-20为美国捷特公司（ZETEC INC.）的X-Probe探头（内通过式阵列涡流探头）。

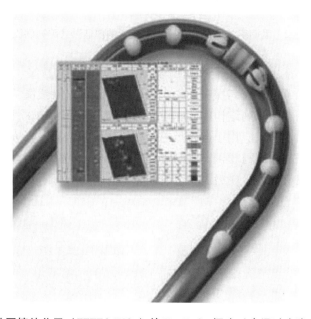

图5-20 美国捷特公司（ZETEC INC.）的X-Probe探头（内通过式阵列涡流探头）

图5-21为爱德森（厦门）电子有限公司的SMART-5097型多频阵列涡流检测仪。

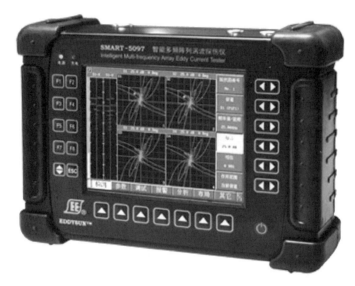

图5-21 爱德森（厦门）电子有限公司的SMART-5097型多频阵列涡流检测仪

图5-22为爱德森（厦门）电子有限公司的内通过式阵列涡流探头。

图5-22 爱德森（厦门）电子有限公司的内通过式阵列涡流探头

除此以外，近年还出现了柔性阵列涡流探头（可贴合在凸缘、凹弧位置）和基于涡流效应的环绕线圈磁力计阵列探头，它实际上是一种基于双线圈检测的阵列类型，通过对激励线圈和检测线圈阵列结构的特殊设计，以取得较好的测试性能。

阵列涡流检测技术广泛应用于金属焊缝检测、大面积金属平板表面的检测，各种规则或异型管、棒、条型和线材检测，多层结构检测，涡轮机、蒸汽发生器、热交换器、压力容器管道以及飞机机体、轮毂、发动机涡轮盘榫齿、外环、涡轮叶片等的疲劳、老化和腐蚀的检测。

5.6 电流扰动检测技术

5.6.1 ECP 技术

电流扰动（electric current perturbation，ECP）检测技术是借助于一个激励线圈在被检部件上产生涡流流动，利用一个独立的探测器测定涡流流过缺陷时电流扰动引起的磁场（见图5-23）。

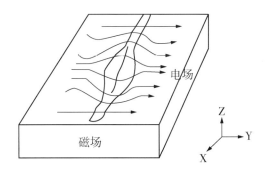

图5-23 电流扰动检测原理

电流扰动检测方法与常规涡流检测方法的不同之处在于，电流扰动探头是一个独立的、缠在一个平行于检测表面的感应器。

电流扰动检测技术的主要优点：

①便于扫描检验，只需要对被检试件外表面进行检查，根据实时的数据分析确定缺陷的深度和大小。

②电流扰动对表面下裂纹和表面开口裂纹都很敏感。

③探头一般以对激励线圈产生的原磁场不敏感的方向取向，以减小对提离效应的灵敏度，使提离效应对检测线圈接收到的磁通扰动信号的影响被减至最小，并在扰动信号和微缺陷之间有良好的对应关系。

电流扰动检测系统一般主要由激励信号源、探头以及计算机组成，信号源在被检试件上产生扰动电流，探头检测扰动信号，计算机主要用来处理和显示检测信号。电流扰动系统的激励线圈和检测线圈是分立的，并且相互正交取向，一般激励线圈相对于检测线圈的尺寸大很多。

电流扰动检测技术可用于螺栓孔内的裂纹检测，以及可变极等离子弧焊（PAW）和惰性气体保护焊（TIG）的铝合金构件焊缝、铝合金构件上出现的腐蚀等的检测。

5.6.2 ACFM 技术

交流电磁场检测（alternating current field measurement，ACFM）技术是结合了ECP

技术和交流电位差（alternating current potential difference，ACPD）技术的最新发展起来的无损检测技术。

ACFM 技术通过激励线圈在被检试件中产生一个均匀的感应电流，测量探头附近表面电磁场的三维（X，Y，Z）数据（B_X，B_Y，B_Z）与测量理论模型（theoretical modeling of the expected probe measurements）比较。B_Y 分量与电流方向一致，B_X 分量与电流方向垂直而与金属表面平行，B_Z 分量与金属表面垂直。缺陷对相应区域磁场的影响可以用图形方式显示，给出裂纹的位置和长度信息，从而能够确定缺陷末端所在（见图 5-24）。

理论模型表明，一般情况下，磁场分量与金属表面电位差的改变速率有关。在正常无裂纹试样的 Y 方向通过一均匀电流时，磁场在 X 轴方向均匀分布并与电流方向垂直，电磁场分量 B_Y 及 B_Z 的读数值为零。当试样上有 X 轴方向的裂纹存在时，电流经过有裂纹表面，从裂纹的最深处向其边缘（或裂纹的任一面）集中，电磁数据会发生变化，B_X 及 B_Y、B_Z 会出现不同的信号波幅。ACFM 探头通常测量 B_X 和 B_Z 分量，B_X 用来估算裂纹深度，B_Z 用来估算裂纹长度。

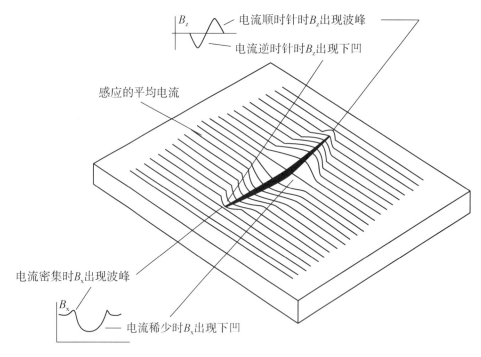

图 5-24　ACFM 技术原理

1. ACFM 技术的优点

①对磁性及非磁性金属均可检测，可以不与被检试件直接接触，不需耦合介质，根据被检试件上的裂纹对试件内交流电流的影响进行检测。可以选配不同探头对不同几何形状的试件进行检测，例如配合特殊探头检查航空发动机的涡轮叶片，还可配合阵列探头做阔面检测。

②缺陷的危害性重要与否主要与结构整体性有关，通常由缺陷深度决定。使用算术模型，ACFM 系统可以检测出表面裂纹的位置，测量裂纹的长度和计算裂纹深度，从而可以评价裂纹的危害性。目前可检出长度达 33 mm 的裂纹，最小可检测裂纹深度为 0.8 mm。

③可以透过绝缘涂层测出裂纹，省去清除涂层的时间及费用。例如在无须去除涂层的情况下检测大小型起重机吊机、钢铁桥梁构件、游乐设施的结构焊缝，以及工厂内各种管道、高压容器和机械设备的焊缝和表面裂纹等。

④对被检试件表面洁净度没有严格要求，可在不需清洁表面及污秽的情况下检测容器、管道焊缝，并已经在粗糙表面检测中获得广泛应用。

⑤可以在高温表面（一般探头可在 200 ℃ 高温下工作，特殊探头可在 500 ℃ 高温下工作）、水下（例如离岸平台及水下设备的焊缝裂纹检测，配合机械人的操作可在 500 m 水深处工作）或者辐射环境下工作。

⑥可自动记录数据，便于分析。

⑦操作简单，不需校正，一般只需 1～2 人即可实施检测操作。

2. ACFM 技术的局限性

ACFM 技术是沿着裂纹面进行深度测量，因此只能用于检测表面裂纹，不能检测近表面裂纹。

ACFM 技术检测到的裂纹缺陷长度较实际裂纹长度小，在使用 ACFM 技术查找到裂纹缺陷后，应根据具体的情况采用其他检测技术（如 UT）对裂纹做进一步的检测，对裂纹进行详尽的分析和评定，以便建立修复方案。

ACFM 技术对几何形状复杂的构件适用性低，应用的仪器也较复杂。

影响 ACFM 技术检测质量的干扰因素较多，主要包括：

①材质。磁导率的不同会影响磁场的透入深度，同一材料中不同部位或者不同金属相连接部位的磁导率差异可能会引起假信号。

②剩磁。必须保证待测表面处于无磁场状态，应用 ACFM 技术检测前，必须消除被检试件在以前检测时遗留的表面磁场，否则残余磁场可能会引起假信号。

③表面打磨痕迹。被检试件表面的打磨痕迹可能会引起假信号。

④残余应力。被检试件中的残余应力会影响磁场的透入深度以及可能引起假信号。

⑤对接焊缝的熔合线。被检试件上对接焊缝的熔合线上通常存在磁导率变化，可能会引起假信号。应用 ACFM 技术检测焊缝时，焊缝附近如果有铁磁体或者导电体存在，可能会引起检测灵敏度和裂纹特性测试准确度的降低。交叉焊缝（如十字接头、T 接头、Y 接头等）的交接处也可能引起假信号。

⑥裂纹几何效应。裂纹的几何形状对裂纹深度尺寸测试的精确性有影响，对于短而深的裂纹，检测时需要进行校正。对于没有暴露全长的裂纹，计算裂纹尺寸可能会有困难。此外，裂纹取向与探头扫描方向呈一定角度（不垂直）、与被检试件表面呈一定角度、裂纹开隙度过小、多条裂纹并存等都会影响裂纹的检测灵敏度和可检出性。ACPD 技术和 ACFM 技术均是依靠理论模型来判断其检测的精确性，其基本依据是假定材料上是线性的均匀磁场，并且假定疲劳裂纹的形状为半椭圆形，但是实际裂纹的形状是不可

能完全符合理想条件的，因此在检测中需要设法加以修正，例如尽量确保测试过程中激励线圈能放置在合适的位置上，以求尽最大可能保持均匀磁场。

⑦边缘效应（末端效应）。边缘效应与被检试件的几何形状以及探头类别、尺寸有关，探头尺寸越大，对边缘效应越敏感，使处于边缘附近的裂纹信号变得模糊。对于复杂几何形状的构件需要考虑采用特殊设计的探头来尽量降低边缘效应和几何形状的影响。

⑧涂层厚度。在理想情况下，良好状态的非导电涂层厚度不超过 5 mm 都可应用 ACFM 技术，但是实际上如果涂层厚度大于 1 mm，就可能会导致产生假信号以及降低裂纹尺寸测量的精确性，因此必须考虑涂层厚度的补偿。涂层厚度的补偿一般通过系统软件预先设置好的裂纹表格来实施，如果输入的涂层厚度不正确，出入大于 1 mm 时（含 1 mm），就会明显降低裂纹尺寸测量的准确度。

⑨表面腐蚀。被检试件表面存在的腐蚀会降低对小裂纹的敏感性及尺寸测量的精确性。

⑩检测仪器。需要根据检测对象选择对裂纹敏感性最强的激励频率，同时噪声水平不能过大，需要注意防止电子元件的饱和（信号振幅饱和）。ACFM 与涡流检测不同，它无须考虑相位角，而是由仪器制造厂家设定好固定的感应相位并存储于探头文件中，检测时由仪器自动设置。

ACFM 技术主要用于检测导电金属构件的裂纹缺陷，其应用范围很广，可以自动或手动检测简单和复杂的几何结构，如焊缝、螺纹、涡轮盘、压力容器和铆钉连接结构、铁轨、车轴、车轮及车体、船舶的 LPG 容器、船体及螺旋桨等。与传统涡流检测技术相比，ACFM 的扫描速度更快、更经济，因此已广泛应用在石油化工、核工业、航天、建筑等领域，特别是由于其能够用于水下探伤，在海上设施的水下无损检测中也已得到越来越广泛的应用。

5.7　磁光/涡流成像检测技术

磁光/涡流成像（MOI）检测技术是根据法拉第（Faraday）磁光效应和电磁感应定律提出的一种新的电磁涡流检测技术。

1. 磁光效应

法拉第（Faraday）磁光效应的表述是：具有一定偏振面的光沿磁场方向传播，通过放置在磁场中的物质时，偏振光的偏振面会发生旋转，旋转角 θ 与物质长度 L、磁感应强度 B 之间的关系是：$\theta_f = VLB$。式中，V 为与物质性质、光的频率有关的常数，称为费尔德常数。

2. 磁光/涡流成像的原理

以脉冲信号激励线圈使其在被检金属试件中感生涡流，如果试件表层存在缺陷，则会改变该涡流的分布，从而相应地改变涡流激发的磁场。涂覆铋的石榴石铁氧体材料薄片组成的磁光传感器根据被检测表面区的涡流及其产生感生磁场的变化给出不同偏转角反射的磁光信号，包含了缺陷信息的光线经偏振分光镜反射后被电荷耦合器件（CCD）接收，经仪器分析处理后在检测器屏幕上显示出实时的图像结果。

磁光/涡流检测技术需要利用平行于被检试件表面的近表面层中的涡流感生磁场，并且需要该电流不是圆环形而是层流状，这与普通涡流检测技术不同。

磁光/涡流检测技术的优点主要有：

①可以实现对亚表面细小缺陷的可视化无损检测。

②克服了常规涡流检测法的检测面积小、速度慢等缺点，可实现快速、精确的大面积实时检测，实时成像，直接输出。

③由于提离效应，常规的涡流检测方法要求除去表面涂层，否则会引起图像失真，难以判断，而磁光/涡流检测法不受提离效应影响，对大小裂纹都很敏感，被检试件表面也不必除漆。

④可在较宽的频率范围（1.6 kHz～100 kHz）内使用，使用高频时能成像和检测诸如靠近飞机铝蒙皮下铆钉附近的小疲劳裂纹，使用低频时能成像和检测深层裂纹和腐蚀，采用低照度彩色摄像系统能得到质量很高的图像。

⑤磁光/涡流成像仪使用起来简单方便。

⑥目前，磁光/涡流成像技术已被美国波音和麦道等商用航空公司、美国航空航天局（NASA）以及美国空军用于多种机型的常规维修检查，可对表面及亚表面的疲劳裂纹和腐蚀损伤进行实时成像检测，具有快速、准确、结果直观、便于采用录像或摄影等方式保存检测结果等特点。

5.8　涡流热成像检测技术

涡流热成像检测技术是电磁感应加热与红外热成像技术相结合的无损检测方法，其检测过程中涉及涡流加热、热传导和红外辐射。

涡流热成像检测技术的基本原理：通以一定频率的交流电或者脉冲电流的激励线圈产生交变磁场或脉冲磁场，依据电磁感应原理将在邻近的导电体中产生感应涡流，涡流在导电体中的流动又遵循焦耳定律，即部分涡流在材料内部会转化为热能，产生的热量 Q 大小正比于涡流密度 J，热量 Q 以热波形式在被检材料中传播，其传播特性与材料的密度、热容量、导热系数、热扩散系数以及时间相关。

根据斯特藩－玻尔兹曼定律（Stefan – Boltzmann law），黑体表面单位面积每单位时间辐射的能量正比于黑体的热力学温度的四次方，凡是温度高于热力学温度零度的物体都会自发地向外产生红外热辐射。涡流在材料中产生了热量并在材料中传递，就必然有红外热辐射发生，这种红外热辐射过程受到材料属性的影响。当材料中存在缺陷时，涡流绕过缺陷行进，以至缺陷尖端处的涡流密度增大，使得该处的温度相对其他位置要更高，即出现温度差，导致该处的热辐射能量不同，通过红外热像仪能观察到这个温度场异常区域，从而发现缺陷所在。

激励电流为一定频率的交流电时，称之为涡流热成像检测，激励电流为脉冲电流时，则称之为涡流脉冲热成像检测。

涡流热成像检测技术的基本原理如图 5 - 25 所示。

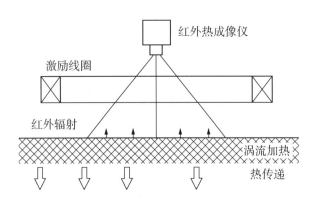

图 5 - 25　涡流热成像技术的基本原理

涡流热成像检测技术的优点是非接触检测、检测灵敏度高、反应速度快、信号处理速度快、检测面积大、检测结果直观准确。涡流热成像检测技术适用于金属材料的表面裂纹检测（例如航空发动机压气机叶片的表面裂纹检测）、钢结构的腐蚀检测、铝合金蜂窝结构的脱黏缺陷探测等。

涡流热成像检测技术的局限性在于：涡流激发得到的缺陷热图像是有时间性的，从开始检测到缺陷特征显现最明显，需要一个过渡时间，即缺陷特征是逐渐显现的，然而随着热传导影响逐渐增大，被检试件内部逐渐达到热平衡，有缺陷和无缺陷区域的温度差逐渐减小，将导致最终缺陷特征无法分辨。

处在激励线圈邻近位置的导体表面温度会明显高于其他区域，因为越靠近线圈边界处，磁通量越大，会对缺陷的检测产生干扰。因此，在设计线圈时，必须注意线圈形状与尺寸的设计，线圈匝数也不宜过多，此外，线圈与被检试件的距离要适当，亦即放在合适位置，避免对缺陷检测产生严重干扰。

需要通过实验掌握合适的激励线圈通电时间，亦即合理控制加热时间，减小热量横向传播造成的干扰。

附录　国内外部分 2000 年以后涡流检测相关标准目录

一、国内部分

国家标准：

GB/T 4956—2003　磁性基体上非磁性覆盖层厚度测量 磁性方法（ISO 2178：1982）

GB/T 4957—2003　非磁性基体金属上非导电覆盖层厚度测量 涡流法（ISO 2360：1982）

GB/T 5126—2001　铝及铝合金冷拉薄壁管材涡流探伤方法

GB/T 5248—2008　铜及铜合金无缝管涡流探伤方法

GB/T 7735—2004　钢管涡流探伤检验方法

GB/T 11260—2008　圆钢涡流探伤方法

GB/T 12604.6—2008　无损检测术语 涡流检测

GB/T 12966—2008　铝合金电导率涡流检测方法

GB/T 12969.2—2007　钛及钛合金管材涡流探伤方法

GB/T 14480.3—2008　无损检测 涡流检测设备 第 3 部分：系统性能和检验

GB/T 23601—2009　钛及钛合金棒、丝材涡流探伤方法

GB/T 26954—2011　焊缝无损检测 基于复平面分析的焊缝涡流检测

GB/T 28705—2012　无损检测 脉冲涡流检测方法

GB/T 30565—2014　无损检测 涡流检测 总则

GB/T 30820—2014　无损检测 绝对式涡流探头阻抗测定方法

机械工业标准：

JB/T 4730.6—2005　承压设备无损检测 第 6 部分 涡流检测

JB/T 5525—2011　无损检测仪器 单通道涡流检测仪性能测试方法

JB/T 10658—2006　无损检测 基于复平面分析的焊缝涡流检测

JB/T 11117—2010　物料分选用金属探测仪

JB/T 11259—2011　无损检测仪器 多频涡流检测仪

JB/T 11612—2013　无损检测仪器 涡流－漏磁综合检测仪

JB/T 11780—2014　无损检测仪器 阵列涡流检测仪性能和检验

能源部标准：

NB/T 47013.6—2015　承压设备无损检测 第 6 部分 涡流检测

NB/T 47013.13—2012　承压设备无损检测 第 13 部分：脉冲涡流检测

NB/T 20003.6—2010　核电厂核岛机械设备无损检测 第 6 部分：管材制品涡流检测

冶金工业标准：

YB/T 127—2014　黑色金属电磁（涡流）分选检验方法

YB/T 4083—2011　钢管自动涡流探伤系统综合性能测试方法

有色金属工业标准：

YS/T 478—2005　铜及铜合金导电率涡流检测方法

电力工业标准：

DL/T 883—2004　电站在役给水加热器铁磁性钢管远场涡流检验技术导则

DL/T 925—2005　汽轮机叶片涡流检验技术导则

DL/T 717—2000　汽轮机发电机组转子中心孔涡流检验技术导则

DL/T 1105.3—2010　电站锅炉集箱小口径接管座角焊缝 无损检测技术导则 第 3 部分：涡流检测

核工业标准：

EJ/T 1141—2002　铀 3 硅 2 – 燃料板包壳厚度测量 相敏涡流法

民航标准：

MH/T 3015—2006　航空器无损检测 涡流检测

国家计量标准：

JJG（民航）0061—2001　国家计量检定规程 涡流探伤仪

JJG（民航）0092—2006　国家计量检定规程 涡流电导仪

二、国外部分

国际标准：

ISO 2360：2003　在非磁性金属基体上的非导电覆盖层 覆盖层厚度测量 涡流法

ISO 12718：2008　无损检测 涡流检测 词汇

ISO 15548—1：2013　无损检测 涡流检验设备 第 1 部分：仪器特性与验证

ISO 15548—2：2013　无损检测 涡流检验设备 第 2 部分：探头特性与验证

ISO 15548—3：2008　无损检测 涡流检验设备 第 3 部分：系统特性与验证

ISO 15549：2008　无损检测 涡流检测 总则

ISO 17643：2005　焊缝无损检测 利用复平面分析的涡流检测

欧洲标准化委员会标准：

EN 1711：2000　焊缝无损检测基于复平面分析的焊缝涡流检测

EN 10246/2：2000　无缝与焊接（埋弧焊除外）奥氏体和奥氏体铁素体钢管自动涡流检测 验证液压密封性

EN 12084：2001/A1：2003　无损检测 涡流检测 一般原理和指南

EN ISO 12718：2008　无损检测 涡流检测 词汇

EN 13860—1：2003　无损检测 涡流检测 设备性能与验证 第 1 部分：仪器性能与验证

EN 13860—2：2003　无损检测 涡流检测 设备性能与验证 第 2 部分：探头性能与验证

EN 13860—3：2003　无损检测 涡流检测 设备性能与验证 第 3 部分：系统性能与验证

EN ISO 15548—1：2008　无损检测 涡流检验设备 第 1 部分：仪器特性与验证

EN ISO 15548—1：2008/AC：2010　无损检测 涡流检验设备 第 1 部分：仪器特性与验证 技术勘误表 1

EN ISO 15548—2：2008　无损检测 涡流检验设备 第 2 部分：探头特性与验证

EN ISO 15548—3：2008　无损检测 涡流检验设备 第 3 部分：系统特性与验证

EN ISO 15549：2010　无损检测 涡流检测 总则

EN WI 45：2002　涡流检测设备

美国材料试验协会标准：

ASTM E215—2011　铝合金无缝管电磁检测的标准化设备

ASTM E243—2009　铜及铜合金管电磁（涡流）检验标准方法

ASTM E309--2011　钢管制品磁饱和法涡流检验标准方法

ASTM E376—2011　用磁场或涡流（电磁的）检测方法测量涂层厚度的标准规范

ASTM E426—98（2007）奥氏体不锈钢及类似合金无缝和焊接管制品电磁（涡流）检验的标准方法

ASTM E566—2009　黑色金属电磁（涡流）分选的标准方法

ASTM E571—98（2007）e1　镍和镍合金管制品电磁（涡流）检验的标准方法

ASTM E690—2010　非磁性热交换器管现场电磁（涡流）检验的标准方法

ASTM E703—2009　有色金属电磁（涡流）分选的标准方法

ASTM E1004—2009　用电磁（涡流）法测定电导率的标准试验方法

ASTM E1033—2009　电磁（涡流）法检验居里点温度以上 F 型连续焊（CW）铁磁性管材的标准试验方法

ASTM E1312—2009　电磁（涡流）法检验居里点温度以上铁磁性圆棒产品的标准试验方法

ASTM E1606—2009　电工用铜质再拉棒电磁（涡流）检验的标准试验方法

ASTM E1629—2007　测定绝对式涡流探头阻抗的标准试验方法

ASTM E2096/E2096M—2010　现场使用远场涡流检测铁磁性热交换器管的标准试验方法

ASTM E2261—2007　使用交流电场测量技术检验焊缝的标准试验方法

ASTM E2337/E2337M—2010　互感电桥应用于锅炉管壁测厚的标准指南

ASTM E2338—2011　用不带标准参考覆盖层的适当涡流传感器表征覆盖层特性的标准试验方法

英国标准：

BS EN 10246—2—2000　钢管的无损检测 奥氏体与奥氏体 铁素体无缝与焊接（埋弧焊除外）钢管验证水压试验的自动涡流检测

BS EN 10246—3—2000　钢管的无损检测 探测无缝与焊接（埋弧焊除外）钢管不完整性的自动涡流检测

BS EN 12084—2001　无损检测 涡流检测 一般原理与指南

德国标准：

DIN EN 1711—2000　焊缝的无损检验 焊缝的复平面分析涡流检验

DIN EN 10246—3—2000　钢管的无损检测 第 3 部分：探测无缝和焊接钢管（埋弧焊接除外）不完整性的自动涡流检测

DIN EN 12084—2001　无损检测 涡流检测 一般原理和基本指南

DIN EN 13860—1—2003　无损检测 涡流检验 设备特性和验证 第 1 部分：仪器特性和验证

DIN EN 13860—2—2003　无损检测 涡流检验 设备特性和验证 第 2 部分：探头特性和验证

法国标准：

NF A09—160—2001　无损检测 涡流检测 一般原理和指南

NF A49—875—2—2000　钢管的无损检测 第 2 部分：无缝和焊接奥氏体和奥氏体铁素体钢管（埋弧焊除外）验证水压试验的自动涡流检测

NF A49—875—3—2000　钢管的无损检测 第 3 部分：探测无缝和焊接钢管（埋弧焊除外）不完整性的自动涡流检测

日本标准：

JIS G 0583—2004　钢管的涡流检验方法

主要参考文献

［1］任吉林，吴礼平，李林．涡流检测［M］．北京：国防工业出版社，1985．

［2］中国机械工程学会无损检测学会．涡流检测［M］．北京：机械工业出版社，1986．

［3］任吉林．电磁无损检测［M］．北京：航空工业出版社，1989．

［4］任吉林，林俊明，徐可北．涡流检测［M］．北京：机械工业出版社，2013．

［5］中国国家标准化管理委员会．GB/T 12966—2008　铝合金电导率涡流测试方法［S］．北京：中国标准出版社，2008．

［6］闫会鹏，杨正伟，田干，等．铁磁材料表面裂纹的涡流热成像检测［J］．无损检测，2017，3（39）：30 – 34．